高等学校艺术类专业计算机规划教材　丛书主编　卢湘鸿

郝　奇　编著

从理论到实践
——Photoshop中文版基础教程

清华大学出版社

北京

内 容 简 介

本书以满足教学需求为出发点，以"实用"为特色，共分为 11 章，系统地讲解 Photoshop CS3 的各种基础知识、操作技巧及实用功能，包括学习该软件时必须掌握的基本功能、各种工具的使用、图层的概念及应用、图像的色彩调整、路径通道的使用、滤镜的效果应用及综合应用实例等内容。

本书突出理论与实践相结合，语言流畅、结构清晰、实例丰富。为便于读者学以致用，书中摒弃了大量枯燥的纯理论的内容，将实用技巧加以整合，从而使得本书更加适合初学者或自学者使用。

本书在每章后均提供了练习题，有利于读者温故知新。全书近 30 个范例的部分素材图片及电子课件，可在清华大学出版社网站下载。

图书在版编目（CIP）数据

从理论到实践：Photoshop 中文版基础教程 / 郝奇编著．—北京：清华大学出版社，2011.1
（高等学校艺术类专业计算机规划教材）
ISBN 978-7-302-23868-3

Ⅰ．①从…　Ⅱ．①郝…　Ⅲ．①图形软件，Photoshop CS3－高等学校－教材
Ⅳ．①TP391.41

中国版本图书馆 CIP 数据核字(2010)第 181048 号

责任编辑：焦　虹　李玮琪
责任校对：时翠兰
责任印制：李红英

出版发行：清华大学出版社		地　　址：北京清华大学学研大厦 A 座		
http://www.tup.com.cn		邮　　编：100084		
社　总　机：010-62770175		邮　　购：010-62786544		
投稿与读者服务：010-62795954，jsjjc@tup.tsinghua.edu.cn				
质　量　反　馈：010-62772015，zhiliang@tup.tsinghua.edu.cn				
印　装　者：北京市清华园胶印厂				
经　　销：全国新华书店				
开　　本：185×260	印　　张：15	字　　数：341 千字		
版　　次：2011 年 1 月第 1 版		印　　次：2011 年 1 月第 1 次印刷		
印　　数：1～3000				
定　　价：26.00 元				

产品编号：037910-01

高等学校艺术类专业计算机规划教材编委会

主　　编：卢湘鸿

副 主 编：何　洁　胡志平　卢先和

常务编委（以姓氏笔画为序）：

付志勇　刘　健　伍建阳　汤晓山

张　月　张小夫　张歌东　吴粤北

林贵雄　郑巨欣　薄玉改

编　　委（以姓氏笔画为序）：

韦婷婷　吕军辉　何　萍　陈　雷

陈菲菲　郑万林　罗　军　莫敷建

黄仁明　黄卢健　唐霁虹

序言

随着人类步入信息化社会，进入多媒体网络时代的计算机以各种形式出现在生产、生活的各个领域，已成为人们在经济活动、社会交往和日常生活中不可缺少的工具。使用计算机的意识和基本技能，应用计算机获取、表示、存储、传输、处理、控制和应用信息，协同工作、解决实际问题等方面的能力，已成为衡量一个人文化素质高低的重要标志之一。

教育是提高国民整体素质和创造能力的根本途径，是一个国家进步和发展的基础。学校是知识传播、应用和创新的基地，大学是把学生培养成德、智、体、美全面发展，具有创新精神和实践能力的高级专门人才的摇篮。因此，对于包括文科在内的各个专业的学生，进一步加强计算机及现代科学和信息技术方面的教育，具有不可替代的重要意义。

目前，虽然我国大学文科专业都已开设了必修的计算机公共基础课程，并且随着社会对文科专业学生在计算机知识、技能和应用方面要求的提高，越来越多的院校还增设了后续的计算机小公共课程；但是我国大学文科专业计算机课程的教学情况，从总体上说，与信息化社会及专业本身对计算机应用方面的要求，还有着一定的差距。

为此，根据社会与文科专业本身计算机教学的实际需要，按照分专业门类、分层次进行教学指导的原则，教育部高等教育司委托教育部高等学校文科计算机基础教学指导委员会编写了《高等学校文科类专业大学计算机教学基本要求（2006 年版）》（简称《基本要求》）。

《基本要求》将文科各专业按其应用计算机的特点，分为文史哲法教类、经济管理类与艺术类三个系列进行指导。

艺术类（包括音乐、作曲、美术、艺术设计、舞蹈、戏剧、影视、录音、动画等）原属于文学门类，由于其在计算机应用方面很有自己的特色，计算机作为一种必备的工具，已广泛应用于其专业教学与专业创作之中，因此把它从文学门类中抽取出来单独列出，并将其提升为一个系列。

《基本要求》由概论、课程与内容以及实施与评估三部分组成。

《基本要求》中的主体（课程与内容）就是根据本科文史哲法教类、经济管理类和艺术专业三大系列，以及文科计算机大公共课程与计算机小公共课程不同教学层次的不同需要提出来的。

其中计算机大公共课程按模块化形式进行设计，由计算机基础知识、微机操作系统及其使用、多媒体知识和应用基础、图形图像的制作与处理基础、办公软件应用、计算机网络基础、Internet基本应用、信息检索与利用基础、电子政务基础、电子商务基础、网页设计基础等模块组成。这些内容都是文科学生应知应会的，是培养文科学生信息素养的基本保证，具有基础性和先导性的作用。各院校必须根据具体情况在教学中予以实现。

计算机小公共课程是根据文史哲法教类、经济管理类和艺术类三个系列专业的不同需要分别提出的，其中具有更多的专业特色。这部分教学内容在更大程度上决定了学生在其专业中应用计算机解决实际问题的能力与水平，各院校可根据本校的实际需要选择安排。

清华大学出版社组织出版的该套教材就是根据艺术类专业计算机大公共课程与小公共课程的教学需要组织编写的。《基本要求》中列出的艺术类专业计算机小公共课程包括：网络（网站）艺术设计、多媒体技术应用、数字媒体艺术概论、计算机辅助平面设计、计算机二维动画、计算机三维建模、计算机三维动画、计算机插图设计、计算机辅助环境艺术设计、计算机辅助染织设计、计算机辅助服装设计、计算机辅助产品造型设计、计算机绘谱、计算机音序制作、计算机智能化音乐制作、计算机音频编辑、多媒体音乐课件设计等。这些课程的配套教材的陆续出版，对于满足艺术类专业计算机课程的教学需求，具有十分积极的意义。

目前，艺术设计行业是我国新兴的发展最快的行业之一。随着社会经济的持续发展，人民生活水平的提高，以计算机为工具或以计算机为背景的艺术设计专业的发展前景将会更加广阔。

在信息化社会中，艺术设计领域的计算机应用技术已成为设计人员的基本技能之一。艺术设计类各个专业方向一般包括平面设计、空间艺术设计、动画设计三个大的类别。在计算机辅助设计软件中这三大类别又互相交叉，应用平面设计软件有时也可以进行空间设计，应用空间设计软件也可以进行平面设计。该套教材虽然针对某些计算机辅助设计软件分别进行介绍，但综合学习、融会贯通，一定能够掌握实际应用的技巧。

计算机科学技术的发展日新月异，艺术类专业的计算机课程也将经历不断探索、积累经验、逐步提高的过程，对该套教材中的错误及不足之处，恳请同行和读者批评指正。

卢湘鸿

在图形图像设计领域大多数人都熟知 Adobe 公司的系列软件，其中 Photoshop 更是大名鼎鼎，在平面设计领域担任着不可替代的角色。它是当前功能最强大、使用最广泛的图形图像处理软件之一，它以其领先的数字艺术理念、可扩展的开发性以及强大的兼容能力，广泛应用于广告、招贴等艺术设计、工艺美术、服装设计、工业产品造型以及建筑、环境艺术设计、数码摄影、出版印刷等诸多领域。与以往的版本相比，Photoshop CS3 更加简洁的操作界面、高效灵活的工作环境、新增的智能滤镜与智能对象、改进的 Bridge/Camera Raw 功能、增强的颜色校正功能、新增的快速选择工具、更加强大的仿制和修复工具、增强的消失点以及黑白调整命令等，使得设计者的工作流程更为高效和灵活。

本书以实用教学为出发点，系统地讲解了 Photoshop CS3 的各种基础及实用功能，且将重点放在"实用"上，摒除了大量枯燥的纯理论内容，将实用技巧加以整合，是编者执教多年，结合教学经验并融入工作实践而编写的，从理论到实践，由浅入深，循序渐进的基础培训教材。本书内容的课程安排完全从课堂教学角度出发，与教学计划紧密结合，按课时系统安排教学时间，使得本书无论作为高校执教或是读者自学都能更加实用。

对于软件教程的部分，本书以"以图释文"的方法为基本原则，既区别于单纯讲述理论的枯燥且难于理解的学习过程，也不同于只会照着做却不知道为什么要这么做的单纯案例讲解类型，是笔者在多年实践教学过程当中摸索出的一条新颖却实用的软件学习的最佳模式。

本书突出理论与实践相结合，内容全面、语言流畅、结构清晰、实例丰富，包含所有 Photoshop 学习中必须掌握的知识和技能信息，能够使读者更轻松地理解和熟悉这个软件的方方面面，非常适合作为高等院校及社会各类计算机培训班的教材使用。对于有一定基础的读者和计算机制作、设计和创作经验丰富的用户来说，也有很多实用的知识和技巧，可以作为了解 Photoshop 的指南，同时对于提高专业水准，不断提升自身对设计的领悟和创新能力而言，更是一本最佳的参考资料。

使用本书教学，可供参考的课时（54～72 课时）具体安排如下。

章节划分	课 程 内 容	建议课时
第 1 章	平面设计基本概念及 Photoshop 入门	2～4
第 2 章	图像的基本操作与设置	2～3
第 3 章	选区的创建与编辑	4～6
第 4 章	基本绘图工具	4～5
第 5 章	文字处理与路径文字的应用	4～5
第 6 章	图层的创建与应用	6～8
第 7 章	通道与蒙版	6～8
第 8 章	路径、形状的制作与应用	6～8
第 9 章	图像的颜色	4～5
第 10 章	滤镜的使用	6～8
第 11 章	综合实例	10～12

　　本书在编写的过程中得到了很多人的关心和帮助，特别感谢湖南长沙的设计师张有志。由于写作时间仓促，加上笔者水平有限，书中难免存在疏漏与不足之处，敬请广大读者谅解和指正。

　　本书所涉及的图片及电子课件仅供教学分析、借鉴使用。这些图片及电子课件的著作权归原创者或相关人员所有，特此声明。

　　最后，非常希望本书能够满足更多读者的需要，并为帮助读者解决工作和学习中的实际问题尽一份绵薄之力。

编　者

2010 年 5 月

目 录

CONTENTS

第 1 章
平面设计与 Photoshop

本章学习重点：
- 了解图像处理的基本概念；
- 掌握 Photoshop 的启动、退出和界面等操作；
- 掌握 Photoshop CS3 的新增特性。

1.1 数字时代的计算机设计艺术

自从计算机问世以来，在短短的几十年内迅速成为了人们生活和工作中不可缺少的工具之一。然而，计算机除了用于高科技领域研究工作之外，一个重要的应用领域是艺术创作。众所周知，任何一种艺术形式的出现，都要依赖于社会和科技的发展，计算机设计这一新的艺术形式同样也是伴随着计算机的发展和普及、高科技数字化时代的到来而诞生的。

计算机设计作为一种有别于传统设计的新颖的艺术形式，经过短短几年的时间，便得到了迅速的发展，并且还占据了人类艺术设计领域中相当大的地位。同时计算机设计的出现也终将使得传统设计的格局发生根本性的变化。目前，世界上一些发达的国家和地区已经将计算机设计广泛地应用在了各个不同的艺术设计领域当中，从广告设计、建筑设计、室内设计、工业设计到影视动画、电脑游戏等。由于计算机的便利与计算机软件发展和更新的迅速，现在的设计工作早已无法摆脱计算机的辅助。现如今，计算机设计甚至已经开始进入到纯粹的艺术创作这一古老的殿堂，它被人们称为艺术和科学交叉的边缘学科，是一种以尖端科学技术为基础的不同于任何一门艺术的全新艺术流派。现今的计算机设计已成为艺术设计人员的重要工具。它不仅带来了新的造型语言和表达方式，同时也引起和推动了艺术设计方法的变革。

1.1.1 平面设计概述

平面设计是当今设计界备受关注，也是应用面最广的课程之一。无论是技艺精湛的专业设计师，还是业余娱乐的爱好者，都对平面设计情有独钟。那么，平面设计到底是一门什么样的学科呢？

首先，要明白的第一个问题是：什么是平面设计？简单地理解，平面设计是在一个平面上的设计工作。它是集多门学问于一体的综合性学科,既有美学的艺术性,又有数学的逻辑性,还有文学的创意性。相对于三维立体设计来说,它的设计环境是二维的,通俗点讲,就是一张空白的纸。从现在开始,这张纸上便随时可以被绘出灵感、创意与精彩。

其次,要了解的是:生活中哪些属于平面设计的范畴呢?其实有很多生活当中随处可见的例子:比如户外宣传广告牌、书本杂志的封面、企业 VI 系统,还有艺术照片、名片、挂历、宣传彩页等,都属于平面设计的领域。这些设计各有其规则与理念,要想在这些方面有所成绩,就要充分发挥创意与灵感。

那么,如何来捕捉生活中的灵感呢?如何来打造与锻炼自己的实力呢?这往往是初学者感到最迷茫的。第一,关注生活的细节。比如说广告牌的比例、艺术品的色彩、书籍封面的轮廓等,看得多了,"内功"就深厚了,"素材"就丰富了,"想法"就独到了。第二,重视理论的学习。这点比较重要,子曰"思而不学则怠",光有想法,没有专业的知识,最后也只是业余选手,进不了专业的层次。第三,加强实践操作。实践之中出真知,只有经过千锤百炼的宝剑才能入地三尺,没有实践的理论,一切都是空谈。当然,冰冻三尺,非一日之寒。除以上三点以外,还要有坚持不懈的恒心和奋战到底的决心。

1.1.2　图像处理的专业术语

矢量图形,也称为面向对象的图像或绘图图像,繁体版本上称之为向量图形,它是把线段和文本定义为数学公式,每个对象都是一个自成一体的实体,它具有颜色、形状、轮廓、大小和屏幕位置等属性。具有非常好的缩放性能,无论如何放大,都不会变形,而且效果十分清晰。

矢量图形与分辨率无关,因为它是由边线和内部填充组成的,文件的大小与打印图像的大小几乎没有关系,此种特性正好与位图图像相反。矢量图像无法通过摄影和扫描获得,主要是软件设计而成,此外,矢量图以几何图形居多,图形可以无限放大,不变色、不模糊。常用于图案、标志、VI、文字等设计。制作矢量图形的软件主要有:AutoCAD、CorelDRAW、Illustrator、FreeHand、XARA 等。

位图图像,也称为点阵图或栅格图像,是由许多像小方块一样的像素组成的图形。由像素的位置与颜色数值所表示,能表现出颜色明暗的变化。简单来讲,位图就是以无数的色彩点组成的图案,当无限放大时会看到一块一块的像素色块,效果会失真(如图 1-1 所示)。常用于图片处理、影视婚纱效果图等,像常用的照片、扫描、数码照片等,常用的工具软件有:Photoshop、Painter 等。

图 1-1　位图放大后的效果

位图的色彩和阴影层次变化很细腻,有很好的表现力,因此,位图被广泛地应用于照片及其他数码领域中。

处理位图时要着重考虑分辨率。处理位图时,输出图像的质量取决于处理过程开始时设置的分辨率高低。如果希望最终输出看起来和屏幕上显示的一样,那么在开始工作前,就需要了解图像的分辨率和不同设备分辨率之间的关系。

1. 位图与矢量图最简单的区别

矢量图首先可以无限放大,而且不会失真,而位图则不能。位图由像素组成,而矢量图由数字点、线所组成。位图可以表现的色彩比较丰富,而矢量图则相对较少。所以,矢量图更多地用于工程作图中,比如说 CAD。而位图更多地应用在作图中,比如 Photoshop。

2. 像素和分辨率

要制作高质量的图像,就要彻底的理解“像素”和“分辨率”这两个概念,图像的质量好坏主要取决于像素的多少与分辨率的大小。

1) 像素

像素(pixel)是图形单元(picture element)的简称,它是位图中最小的构成单位。像素的形状是正方形的,主要有两个属性:一是在图像显示的位置,二是像素的颜色值和深度。所有对图像的编辑实质上都是对像素的操作,一幅完整的画面则是由若干个像素横纵排列所构成的。所以,充分理解像素的意义,对学习有着推波助澜的功效。

2) 分辨率

分辨率是与图像质量相关的一个非常重要的概念。它是衡量一幅图像质量的主要依据。分辨率有多种,图像分辨率、显示器分辨率、打印机分辨率、扫描分辨率、数码相机分辨率及印刷分辨率等,下面来认识一下这些分辨率所代表的具体含义。

(1) 图像分辨率。图像分辨率的大小是指打印图像时,在每个长度单位上打印的像素数量,通常以“像素/英寸”来衡量。图像分辨率的大小与图像尺寸共同决定输出的质量,文件的大小与其图像分辨率的平方成正比。也就是说,保持图像的尺寸大小不变,将图像分辨率提高一倍,其文件大小则可能增大为原来的 4 倍,可见,分辨率的大小、图像的尺寸和文件的大小之间是相互关联的。

(2) 显示器分辨率。显示器分辨率是指显示器上每单位长度显示的像素或点的数量,通常以“点/英寸”为单位来衡量。原则上讲,显示器尺寸不变,分辨率越高,其显示质量越清晰。

(3) 打印机分辨率。打印机在每英寸上产生的墨点数目(dpi)称为打印机的分辨率。大多数激光打印机的分辨率为 600dpi,而喷墨打印机的分辨率可达到 1 200dpi。理论上讲,在做图像时所设置的图像分辨率与打印机的分辨率成正比。

(4) 扫描分辨率。扫描分辨率是指在扫描一张图片之前预设的分辨率,它将直接影响扫描生成的图像质量和性能。但也不是设置得越高就越好,一般设置 240 像素/英寸比较合适。

1.2　Photoshop 软件的学习前提

平面设计是艺术门类当中的一大分支，Photoshop 软件的应用则是其中的一门重要专业课程。要想成为一名平面设计高手，对 Photoshop 的学习则必不可少。可是该如何全面地学好用好这门课程呢？这恐怕是广大初学者最关心的一个问题。不要急，下面是有关 Photoshop 软件学习的几点建议，供读者参考。

（1）准备：一份信心、一份恒心、一份细心外加一个笔记本。

（2）认识：Photoshop 只是一个工具，它不会自动为人类设计什么，只会根据人类的操纵作出适当的反应，因此过分依赖是万万不可的。

（3）学习：基本的美术知识、手绘技巧和识图能力，这些内容的学习将为下一步设计提供一个相对全面的铺垫。

（4）主动：应学会主动利用一切资源猎取相关教程与实例，学会以理解的方式独立分析与思考，这样才能做到"举一反三"，真正学会应用。教师只是一个可以帮助解决问题的渠道而已。

（5）勤奋：多看、多想、多动手。软件不怕难，关键在于练。

1. Photoshop 简介

Adobe 公司成立于 1982 年，是美国最大的个人计算机软件公司之一，而 Photoshop 则是 Adobe 公司旗下最为出名的图像处理软件之一，在计算机平面艺术设计领域中可谓无人不知、无人不晓。可以说，只要接触平面设计，那么无论早晚都要和它打交道。它功能强大，操作界面友好，得到了广大第三方开发厂家的支持，从而也赢得了众多用户的青睐。

它的诞生可以说导致了图像出版业的革命，它的每一个版本都增添新的功能，这使它获得越来越多的支持者，也使它在这诸多的图形图像处理软件中立于不败之地。

Photoshop 支持众多的图像格式，对图像的常见操作和变换做到了非常精细的程度，从而使得任何一款同类软件都无法望其项背。它拥有异常丰富的插件（在 Photoshop 中称为滤镜），熟练使用该软件后，用户自然能体会到"只有想不到，没有做不到"的艺术境界。

2. Photoshop 的主要应用领域

1）平面设计

Photoshop 可以说是平面设计中不可缺少的工具之一，无论是户外的宣传广告牌，还是书刊杂志、宣传彩页，无一不是 Photoshop 的功劳。

2）图像处理

图像处理是 Photoshop 的拿手好戏，几幅毫无关系的图片通过 Photoshop 的加工也会变得和睦相处。

3）艺术文本

在 Photoshop 中间锻造出来的文字，形式各样，百花争艳，让人眼花缭乱。

4）制作创意画面

自己的创意只有通过 Photoshop 完美的表现，才会使人赏心悦目，赞不绝口。

Photoshop 创意画面的制作功能让人爱不释手。想要什么,点几下鼠标,它都能够表达。

　　5) 效果图后期处理

　　在制作建筑或景观效果图,包括许多三维场景时,周边环境的调整与色彩的校正往往需要 Photoshop 的帮助。

　　6) 绘画

　　Photoshop 制作插画的功能也是十分强大的。素描之后的草图,通过 Photoshop 的填色和调整,一幅幅完美的作品即可呈现在面前。

　　7) 婚纱艺术照片设计

　　影楼里面用 Photoshop 处理与美化照片现在是一种趋势,通过数码相机拍摄的照片直接可以输入计算机,形成电子图片,然后就可以在 Photoshop 中进行优化处理了。

　　8) 图标制作

　　Photoshop 制作图标的功能十分完美,它能够随心所欲地设计出形形色色的网站图标、公司图标、会议图标、产品图标等。

　　9) 界面设计

　　这是一个新兴设计领域,越来越多的软件公司都在使用 Photoshop 设计出独树一帜的软件界面。

　　10) 广告摄影

　　广告摄影作为一种对视觉要求非常严格的工作,Photoshop 的介入往往会使其得到意想不到的效果。

1.2.1　Photoshop 软件对系统配置的要求

　　Mac 中的 Photoshop 和 PC 中的 Photoshop 内容几乎有 99% 都相同,下面是两者之间一些细微的差别。

　　(1) Mac 键盘中和 Photoshop 相结合的主要按键包括 Option 和 Command。

　　(2) Mac 中的 Photoshop 软件界面下方没有提示当前使用工具相关信息的状态栏。

　　(3) Photoshop CS3 对苹果机的配置要求如下。

操作系统:Mac OS(9.1 版、9.2 版)或者 Mac OS。

CPU:Power PC。

内存:512MB 内存。

显卡:推荐使用 1 024×768 或更高分辨率。

硬盘:1GB 可用空间,推荐越大越好。

光驱:推荐配置 DVD 光驱。

PC 中的 Windows 系统下 Photoshop 软件和 Mac 相比存在如下区别。

　　(1) PC 键盘中和 Photoshop 相结合的主要按键包括 Alt 和 Ctrl。

　　(2) Windows 中的 Photoshop 软件界面下方会有提示完整工具信息的状态栏。

　　(3) Photoshop CS3 对系统的要求比较高,下面列出其对系统配置的要求。

操作系统:Windows 2000(Service Pack4)、Windows NT(Service Pack 6a)或者 Windows XP(Service Pack1 或 2)。

CPU：Pentium 4 以上。

内存：256MB（推荐使用 512MB 或更高）。

显卡：推荐使用 1 024×768 或更高分辨率，32 位彩色，显存 128MB 以上。

硬盘：1GB 可用硬盘空间，推荐越大越好。

光驱：CD-ROM 驱动器，推荐使用 DVD 光驱。

1.2.2　Photoshop 软件的安装及界面常识

1．Photoshop 软件的安装

Photoshop CS3 软件的安装过程非常简单，具体操作步骤如下。

（1）启动计算机，进入操作系统，将 Photoshop CS3 软件光盘放入光盘驱动器中。

（2）系统自动运行安装程序，屏幕上将弹出安装 Photoshop CS3 的安装窗口，安装步骤开始检测系统，帮助用户完成 Photoshop CS3 的安装。检测完成之后，单击"下一步"按钮，整个安装速度根据用户计算机的速度而定，如果用户不想马上安装，则可单击"取消"按钮退出。

（3）在弹出的对话框中，选中"我接受《许可协议》中的条款"复选框，然后，单击"下一步"按钮。

（4）安装选项（如图 1-2 所示）：在右边的列表框中，选中用户所需要的组件前的复选框，每一个组件后面显示的空间大小是指安装该组件所需的磁盘空间；选择好之后，单击"下一步"按钮。

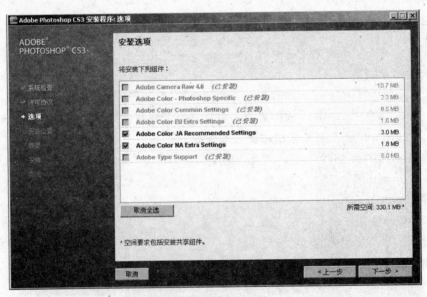

图 1-2　Photoshop 软件的安装 - 众多组件安装的选项

（5）选择安装位置（如图 1-3 所示）：此对话框提示用户选择 Photoshop CS3 软件的安装位置，单击"浏览"按钮，手动选择软件的安装位置。选择完毕之后，单击"下一步"按钮。

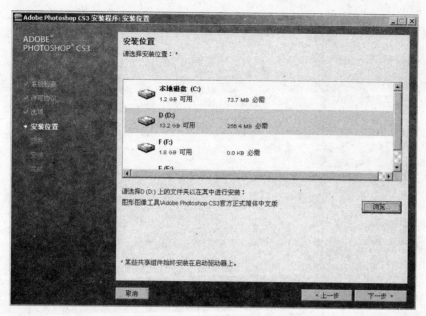

图 1-3　Photoshop 软件的安装-安装位置

（6）安装摘要（如图 1-4 所示）：此对话框显示用户的安装信息，包括安装位置、安装版本、安装组件以及磁盘驱动的信息等；单击"取消"按钮可以退出安装，单击"上一步"按钮可以返回前面的安装步骤，单击"安装"按钮正式开始安装软件。

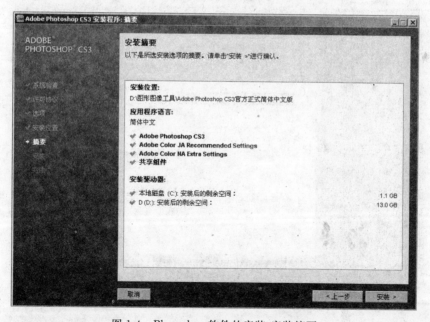

图 1-4　Photoshop 软件的安装-安装摘要

（7）安装进程（如图 1-5 所示）：此对话框显示安装进度以及光盘进度，单击"取消"按钮，可以退出安装步骤。

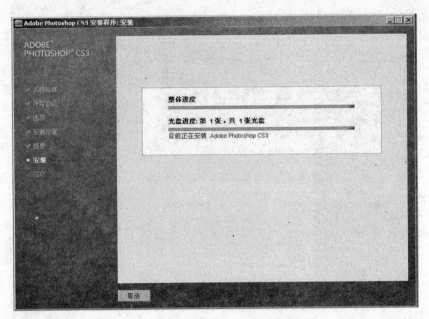

图 1-5　Photoshop 软件的安装-安装进程

　　（8）完成安装（如图 1-6 所示）：出现这个对话框，单击"完成"按钮之后，表示用户的安装全部完成，可以正常使用 Photoshop CS3 软件了。

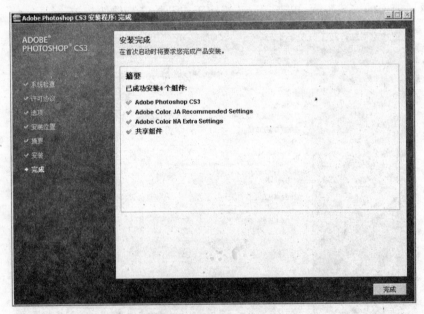

图 1-6　Photoshop 软件的安装-完成安装

2. Photoshop 软件的启动与退出

1）Photoshop CS3 软件的启动

Photoshop CS3 安装完成之后，在桌面上会生成一个快捷方式的图标（如图 1-7 所示），直接双击该图标启动软件。

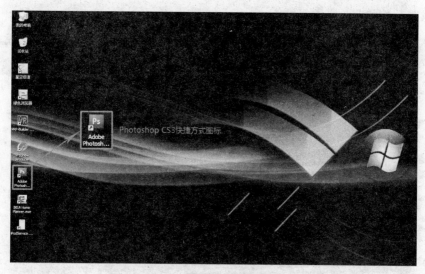

图 1-7　Photoshop 软件桌面快捷方式图标

双击该图标后，系统会出现 Photoshop CS3 的启动画面，没有任何图片的蓝色启动界面，给人以非常专业的感觉（如图 1-8 所示），系统会自动加载软件所需的必要组件与文件，启动的速度主要取决于用户计算机的速度。

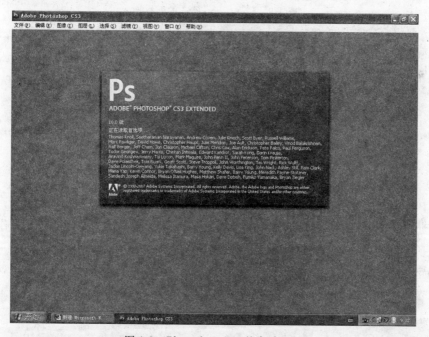

图 1-8　Photoshop CS3 的启动画面

启动完成之后，可以看到非常清爽的新界面（如图 1-9 所示），工具栏等都有很大的变化，看到了此图，就标志着软件成功启动，可以开始随心所欲地工作了。如果用

Photoshop 很多年了,对这个软件非常熟悉的话,新的界面可能一开始会不习惯,但是熟悉后会发现软件的变化真的很贴心。

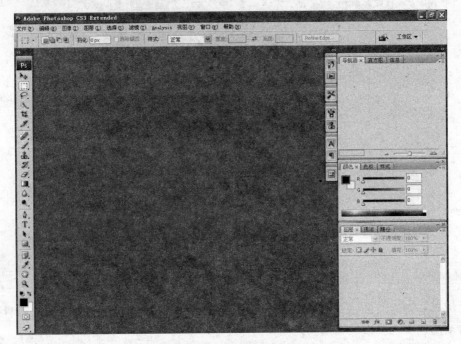

图 1-9　Photoshop CS3 的新界面

2) Photoshop CS3 软件的退出

退出 Photoshop CS3 软件的常用方法有以下 5 种。

(1) 按钮:单击 Photoshop CS3 界面右上角的"关闭"按钮 ⊠。

(2) 命令:选择"文件"→"退出"命令。

(3) 图标:单击标题栏左侧的程序图标 Ps,在弹出的下拉菜单中选择"关闭"命令。

(4) 快捷键方式 1:按 Ctrl+Q 组合键。

(5) 快捷键方式 2:按 Alt+F4 组合键。

3. Photoshop 软件的工作界面

启动 Photoshop CS3 之后,选择"文件"→"打开"命令,打开一幅图像,其工作界面如图 1-10 所示。

下面将详细地介绍每一个部分的作用。

1) 菜单栏

菜单栏由 10 类菜单组成,其中包括文件、编辑、图像、图层、选择、滤镜、分析、视图、窗口和帮助。

Photoshop CS3 菜单栏提供了多种菜单命令,用户可以通过菜单命令完成各种操作。单击任何一个菜单项会弹出相应的下拉菜单,使用这些菜单中的命令可以完成大部分的图像处理操作。

图 1-10 Photoshop CS3 的工作界面

使用菜单操作时，应注意以下几点。

（1）菜单命令呈灰色，表示该命令在当前状态下不可用。

（2）菜单命令后标有黑色的三角形，表示该菜单还有下级子菜单。

（3）菜单命令后标有快捷键，表示按该快捷键可直接执行该命令。

（4）菜单命令后标有省略符号，表示选择该菜单命令时，将会弹出一个对话框。

（5）切换菜单，只需在各菜单名称上移动鼠标指针。

（6）关闭打开的菜单，可单击已打开的主菜单名称，还可按 Alt 键或 F10 键。

2）工具栏

工具栏，也称为工具箱，其中包括编辑图像时常用的工具，在工具属性栏中可以设置所选工具的相关属性。启动 Photoshop CS3 程序后，工具箱默认在界面的左边，可以任意地拖动至自己习惯的位置，单击某工具或按相应的热键均可以选择所需工具。

很多工具右下角都有一个小三角形图标，这表示其中还有其他工具，按住工具按钮不放或在其上右击，即可弹出工具组（如图 1-11 所示）。随着版本的更新，工具数量也在逐渐增多，因此，在 Photoshop CS3 版本中，工具箱有两种显示方式，分别为长单条和短双条，可以通过工具箱上的小箭头进行显示方式的转换。

工具热键的使用方法：把鼠标移动某个工具上面，停留 1 秒之后，即会显示该工具的名称及相对应的热键。直接按对应的键即可以使用相应的工具。

3）工具属性栏

工具属性栏位于菜单栏的下方（如图 1-12 所示），在工具箱中选择不一样的工具时，工具属性栏中显示的内容和参数也各不相同。

在工具箱中选择要使用的工具，然后根据需要在工具属性栏中进行参数设置，最后使用该工具对图像进行编辑和修改。当然，也可以使用系统默认的参数对图像进行编辑和修改。

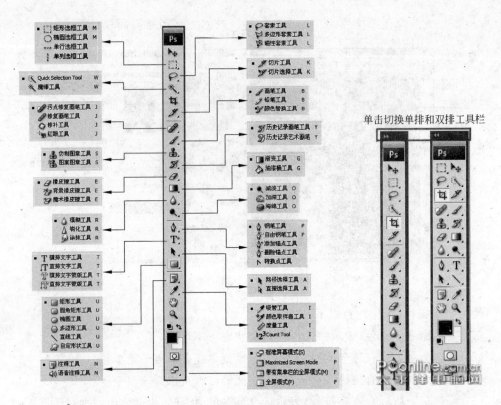

图 1-11　Photoshop CS3 的工具箱、隐藏的工具组以及两种显示方式的切换

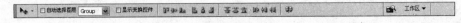

图 1-12　Photoshop CS3 的工具属性栏

4）图像编辑窗口

图像编辑窗口是显示、编辑和处理图像的区域（如图 1-13 所示）。在图像编辑窗口中可以实现 Photoshop CS3 中的所有功能，也可以对其进行多种操作，如改变窗口大小和位置、对窗口进行编辑等。在标题栏中显示文件名称、文件格式、缩放比例以及颜色模式。

在 Photoshop CS3 中，用户可以打开一个或多个图像窗口，可以分别对不同的图像进行各种编辑，互不干扰。

5）浮动控制面板

浮动控制面板其实是一种窗口，它总是浮动在工作界面的右方（如图 1-14 所示）。浮动控制面板是 Photoshop CS3 中一种非常重要的辅助工具，其主要功能是帮助用户查看、整理和修改图像。使用浮动控制面板可以对当前图像的图层、通道、路径以及色彩等内容进行相关的设置，使用非常方便。因为其可以根据用户的需

图 1-13　Photoshop CS3 的图像编辑窗口

要随意进行位置的变化或打开、关闭等操作,所以被称为浮动控制面板。Photoshop CS3
共提供了 20 个不同的面板供用户选择使用。

下面介绍几种主要的浮动控制面板。

(1)"图层"面板:"图层"面板(如图 1-15 所示)是 Photoshop CS3 中使用频率最高的面
板,在图层面板中用户可以对多个图层进行整理、编辑。可以通过单击面板下面的按钮来轻
松创建、删除图层,同时也可以自由地为图层添加图层蒙版,并设置不同的透明度等操作。

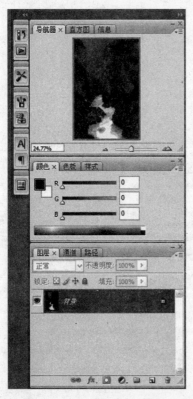

图 1-14　Photoshop CS3 的浮动控制面板　　　　图 1-15　"图层"控制面板

(2)"通道"面板:"通道"面板(如图 1-16 所示)将图像分成不同的颜色来保存图像,
可以通过设定来达到管理颜色信息的目的,它也是 Photoshop CS3 的主要功能之一。面
板下的按钮可以设定选区以及创建、管理通道。

(3)"路径"面板:利用"路径"控制面板(如图 1-17 所示)可以对路径进行删除、保存
和复制等操作,也可以将路径和选区互换。

(4)"色板"面板:利用"色板"面板(如图 1-18 所示)可以方便地选择默认的颜色并保
存自定义颜色,其中单击面板中的默认颜色,可以将其设定为前景色,右击可以对面板中
的颜色进行重新自定义设置。

(5)"样式"面板:"样式"面板(如图 1-19 所示)提供预设的图层样式效果,在此面板
中单击任何一种样式,即可为当前图层赋予该样式所定义的图形立体化效果。用户除了
可以选择系统默认的图层样式类型之外,还可以通过右击或者单击面板下的按钮,对面板
中的默认样式进行设置,也可以保存自定义的样式、创建样式库等。

图 1-16 "通道"面板

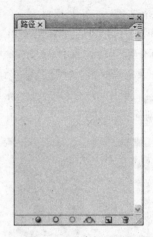

图 1-17 "路径"面板

(6)"颜色"面板："颜色"面板(如图 1-20 所示)可以方便地使用几种色彩模式的标准颜色,其主要用于设定前景色和背景色,可以通过拖动面板中的滑块或者在面板中直接输入相应数值的方法对颜色进行设置。

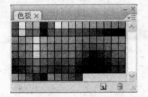

图 1-18 "色板"面板

图 1-19 "样式"面板

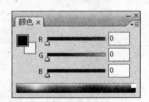

图 1-20 "颜色"面板

(7)"信息"面板："信息"面板(如图 1-21 所示)为用户提供鼠标指针所在位置的坐标值以及该处像素的色彩值。当要对选区内或者图层中的图像进行旋转时,还可以显示选区的大小和旋转角度等信息。

(8)"导航器"面板："导航器"面板(如图 1-22 所示)可以快速显示图像的缩览图,以便于用户对放大、缩小的图形进行区域查找,可以快速显示图像的缩放比例及移动图像的显示内容。

图 1-21 "信息"面板

图 1-22 "导航器"面板

6）状态栏

状态栏（如图 1-23 所示）位于图像窗口的最下方，这也是同以往版本将状态栏放在整个软件界面的下端有所区别的一点。状态用于显示与当前图像有关的信息，以及一些操作提示信息。

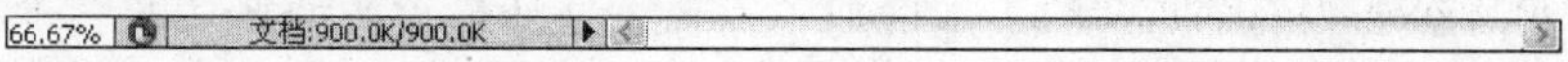

```
66.67%    文档:900.0K/900.0K    ►◄                           ►
```

图 1-23　状态栏

状态栏由图像显示比例、文件信息和提示信息三部分组成。可以在显示比例框中输入任意比例值，按 Enter 键，即可改变图像的显示比例。

状态栏右侧的区域用于显示图像信息，单击小三角形 ►，可弹出一个显示文件信息的快捷菜单。

该菜单各主要选项含义如下。

（1）Version Cue：选择该选项，可以在状态栏中显示文件是否处于存储过的"打开"状态，还是没有保存过的"始终未保存"状态。

（2）文档大小：显示当前所编辑图像的大小。

（3）文档配置文件：显示当前所编辑图像为何种模式，如 RGB、CMYK、Lab 等。

（4）文档尺寸：显示当前所编辑的图像尺寸大小，比如 10cm×20cm。

（5）暂存盘大小：显示当前用于处理图像的内存和可用内存信息。

（6）效率：显示当前编辑图像操作用去的时间。

（7）当前工具：显示当前操作所使用的工具。

在文件信息区域单击并按住鼠标不放，可以查看该图像的打印区域情况，其中两条对角线覆盖的区域表示图像的尺寸，蓝色的矩形区域表示打印纸张的大小。

按住 Alt 键，在状态栏的图像文件信息上单击，可以显示图像的宽度、高度、通道及分辨率等信息。

1.2.3　Photoshop 的发展历史

1985 年，美国苹果公司推出了当时在全球都处于领先地位的图形界面的 Macintosh 系列计算机。

1987 年，Michigan 大学一位名叫 Thomas Knoll 的研究生，为了能够在这一系列的苹果计算机上正常显示灰阶图像，专门编制了一个程序软件，取名 display。后来这个软件被他的哥哥 John Knoll 发现，也参与了早期的开发。后来二人将该程序软件更名为 photoshop。

1988 年，John 在硅谷找到 Adobe 公司授权销售该软件。

1990 年 2 月，经过兄弟俩和其他 Adobe 公司的工程师的共同努力，Photoshop 的 1.0.7 版本（一个只有 800KB 的软盘）正式发行。

1991 年 6 月，Photoshop 2.0 正式发行。新版本为顺应美国印刷工业的变化，增加了 CMYK 分色印刷功能，而且在软件中增加了支持 Adobe 公司的矢量编辑软件 Illustrator 文件、画笔工具等。同时对于软件的最低内存需求从 2MB 增加到了 4MB，极大地提高了软件运行的稳定性。

从 2.5 版本开始，Photoshop 支持 Windows 系统。这个版本除了主要特性支持 Windows 外，还增加了对 Palettes 和 16bit 文件的支持。

1994 年 9 月，MAC 版的 Photoshop 3.0 正式发行，而 Windows 版本推迟了两个月，直到 11 月份才公布发行。3.0 的版本增加了 Layer 这个最重要的新功能。

在 4.0 版本发行之前的这段时间，Adobe 公司决定将 Photoshop 软件的用户界面和该公司的其他产品统一化，从而更好地提升公司形象以及软件的正规度。因此，在4.0 的版本中最主要的改进就是在用户界面这一块。此外程序的使用流程也做了一些改变。但是令 Adobe 公司没有想到的是，这一改变引起了一些 Photoshop 软件老用户的抵触，甚至还在网站上进行了抗议，这使得 Adobe 公司意识到了 Photoshop 的重要性，并决定买断 Photoshop 软件的全部版权。

1998 年 5 月，5.0 版本正式发行。在该版本中引入了 History 的概念和色彩管理功能，这在当时引起了业界的不小震动。

一年之后，Adobe 公司又一次发行了 5.5 版本，主要增加了支持 Web 功能和 Image Ready2.0。

2000 年 9 月，改进了工具交换流畅度的 6.0 版本正式发行。

2002 年 3 月，经过重大改进的版本 7.0 发布。受 20 世纪 90 年代末开始流行的数码相机的影响，Photoshop 处理的图片来源也从扫描发展到数码相机。因此，在新版本中增加了 Healing Brush 等图片修改工具，还有如 EXIF 数据、文件浏览器等一些专门针对数码相机的新功能。

然而，在很多知名品牌的数码相机为满足用户需求，同时增加销量，而随原始文件搭配赠送的专门处理数码相片的软件越来越多地出现在市场上的时候，Photoshop 开始感受到了威胁。已经退到二线的 Thomas Knoll 亲自负责带领一个小组开发了 Photoshop RAW(7.0)插件。

从 Photoshop 8.0 的版本开始，官方版本号改为了 CS，它是 Adobe Creative Suite 一系列软件中后面两个单词首写字母的缩写，代表着"创作集合"，是一个统一的设计环境。之后 9.0 的版本号则变成了 CS2，而在这里所用到的 CS3 实际上也就是 10.0 的版本。

1.3　Photoshop CS3 的新变化

Photoshop 的每一个新的版本都会给人一种焕然一新的感觉。Photoshop CS3 也不例外，作为 Adobe 的核心产品，Photoshop CS3 历来最受关注，与早期的版本相比，它提供了更人性化的操作界面，从而提高了工作效率。选择 Photoshop CS3 的理由更不仅仅是它会完美兼容 Vista，更重要的是几十个激动人心的全新特性，诸如支持宽屏显示器的新式版面、集 20 多个窗口于一身的 Dock、占用面积更小的工具栏、多张照片自动生成全景、灵活的黑白转换、更易调节的选择工具、智能的滤镜、改进的消失点特性等。

1. 全新的界面

启动 Photoshop CS3 以后，可以看到全新的组合界面（如图 1-24 所示）。该界面中的亮点,即无论是工具箱还是浮动面板,都有两种不同的方式可以选择,以方便不同习惯的用户。

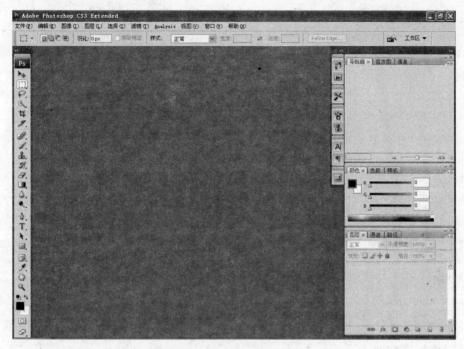

图 1-24　全新的界面

工具箱顶端的方向箭头,可以将工具箱切换为单列或双列。

同样,单击浮动面板组右上角的方向箭头,可以展开或层叠面板组。

2. 快速选择工具

快速选择工具(如图 1-25 所示)是 Photoshop CS3 的新增功能,它是由魔棒工具衍生而来的,拥有智能化的快速选取功能,可以不用任何快捷键进行加选,并可以精确处理画面更细微处。

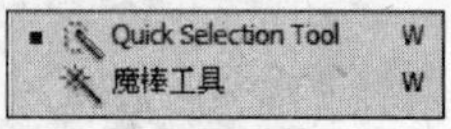

3. 优化边缘

所有的选择工具都包含重新定义选区边缘(Refine Edge)的选项(如图 1-26 所示),比如定义边缘的半径、对比度、羽化程度等,可以对选区进行收缩和扩充。另外还有多种显示模式可选,比如快速蒙版模式和蒙版模式等,非常方便。举例来说,做了一个简单的羽化,可以直接预览和调整不同羽化值的效果。

图 1-25　快速选择工具

4. 仿制源面板

多了一个仿制源面板(如图 1-27 所示),是和仿制图章配合使用的,允许定义多个克隆源(采样点),就好像 Word 有多个剪贴板内容一样。另外克隆源可以进行重叠预览,提供具体的采样坐标,可以对克隆源进行移位缩放、旋转、混合等编辑操作。克隆源可以是针对一个图层,也可以是上下两个,也可以是所有图层,这比之前的版本多了一种模式。

5. 新建对话框

新建对话框(如图 1-28 所示)添加了直接建立网页、视频和手机内容的尺寸预设值。

比如常用的网页 Banner 尺寸,再比如常见的手机屏幕尺寸等。

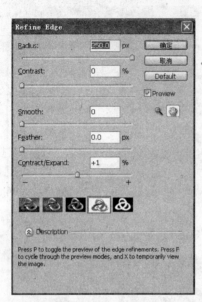

图 1-26 优化边缘

图 1-27 仿制源面板

图 1-28 新建对话框

6. Adobe Bridge

在 Adobe Bridge(如图 1-29 所示)的预览中可以使用放大镜来放大局部图像,而且这个放大镜还可以移动。

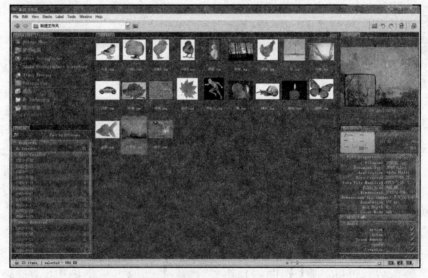

图 1-29 Adobe Bridge

7. 智能滤镜

在 Photoshop CS2 中应用滤镜后,就不能再对滤镜进行更改,而 Photoshop CS3 新增的智能滤镜（如图 1-30 所示）功能允许用户应用滤镜后，再对其进行更改，就如同图层面板中调整图层的操作一样。

图 1-30 智能滤镜

提示：

执行"智能滤镜"功能有以下 3 种方法。

（1）命令：选择"滤镜"→"转换为智能滤镜"命令。

（2）快捷菜单：在"图层"面板中选中需要转换为智能滤镜的图层，并右击，在弹出的快捷菜单中选择"转换为智能滤镜"命令。

（3）按钮：单击"图层"面板中右上角的面板控制按钮，在弹出的下拉菜单中选择"转换为智能滤镜"命令。

转换为智能滤镜后，就可以像更改图层样式一样，随时修改自己想要的滤镜效果。

8．黑白效果

以前将彩色照片转换为灰阶照片时，通常使用通道混合的方法，不过这样操作会破坏彩色照片中的颜色。而 Photoshop CS3 中新增的"黑白"命令（如图 1-31 所示），可以在转换彩色照片为黑白照片时不破坏颜色。

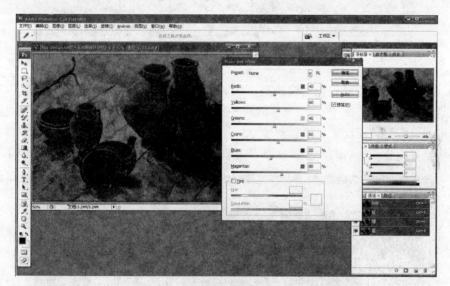

图 1-31 黑白效果

提示：

执行"黑白"命令有以下两种方法。

（1）命令：选择"图像"→"调整"→"黑白"命令。

（2）快捷键：按 Ctrl＋Shift＋Alt＋B 组合键。

9．高级复合

通过自动对齐基于相似内容的多个 Photoshop 图层或图像，创建更加准确的复合图像。自动对齐图层命令快速分析详细信息并移动、旋转或变形图层以完美地对齐它们，而自动混合图层命令混合颜色和阴影来创建平滑的、可编辑的结果。

10. 具有 3D 支持的增强的消失点

使用增强的消失点（如图 1-32 所示）在多个表面（甚至那些以非 90 度连接的表面）上按透视编辑，这也使用户能够按透视测量，围绕多个平面折回图形、图像和文本，以及将 2D 平面输出为 3D 模型。

图 1-32　具有 3D 支持的增强的消失点

11. 使用"动画"面板轻松创建动画

从老版本中的 Adobe ImageReady 软件整合为动画面板，更加快动画创作的便捷与轻松。使用新的"动画"面板从一系列图像（如时间系列数据）中创建一个动画（如图 1-33 所示），并将它导出为多种格式，包括 QuickTime、MPEG-4 和 Adobe Flash Video(FLV)。

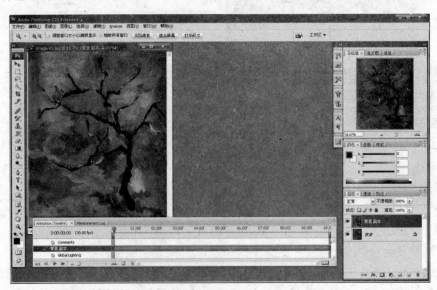

图 1-33　使用"动画"面板轻松创建动画

12. "打印"对话框

Photoshop CS3 的"打印"对话框调整了很多布局,所有的设置与预览都在一个对话框中完成,节省了切换窗口的时间,方便了用户的使用。

1.4 温故知新

1. 填空

(1) 位图图像也称_____,是由许多_____组成的图形。

(2) 像素是_____的简称,是位图中_____的构成单位。

(3) 分辨率的单位是_____,它决定着_____。

2. 选择

(1) 下列软件中,不是矢量图软件的是_____。

    A. AutoCAD   B. CorelDRAW   C. Photoshop   D. FreeHand

(2) 下列选项正确的是_____。

    A. 矢量图可以无限放大且不失真   B. 矢量图由像素构成

    C. 位图多应用于工程制图   D. 位图可以表现的色彩不够丰富

(3) 下列关于菜单命令的操作叙述不正确的是_____。

    A. 菜单命令呈灰色,表示该命令在当前状态下不可用

    B. 菜单命令后标有黑色的三角形,表示该菜单还有下级子菜单

    C. 菜单命令后标有快捷键,表示按该快捷键可直接执行该命令

    D. 菜单命令后标有省略符号,表示该命令中有部分文字没有被显示

3. 简答

(1) Photoshop CS3 有哪些新变化?

(2) 软件的退出有哪几种方式?

4. 操作

练习软件的安装、启动与退出,熟练掌握各操作的多种方式。

第 2 章
Photoshop 图像设计基本操作

本章学习重点：

- 掌握 Photoshop CS3 的基本操作方法；
- 了解 Photoshop CS3 常用的文件格式；
- 掌握辅助工具的基本使用方法。

工欲善其事，必先利其器。通过之前的讲解，相信大家对这个非常强大的图像处理软件有了大致的了解，接下来看看关于 Photoshop CS3 的一些基本操作，比如如何新建文件、打开文件、保存文件、关闭文件、置入与导出文件、恢复和撤销编辑、图像的显示控制、图像的尺寸和分辨率、图像的裁切、标尺、网络及参考线等内容。

2.1 图像基本操作

图像的基本操作有：新建、打开、保存、关闭、置入、导出、恢复和撤销等操作。

1. 新建文件

启动 Photoshop CS3 后，如果想建立新的工作文档，需要新建一个文件。

新建文件的方法有以下几种。

（1）菜单命令：选择"文件"→"新建"命令。

（2）快捷键 1：按 Ctrl＋N 组合键。

（3）快捷键 2：按住 Ctrl 键的同时，在工作区空白处双击。

使用以上三种方法中的任意一种，都将弹出"新建"对话框，如图 2-1 所示。

"新建"对话框中各选项的含义如下。

（1）名称：用于输入新建文件的名称。

（2）预设：可以在此下拉列表框中选择系统预设的文件尺寸，系统自带有 10 种设置，选择相应的预设方案后，其宽度和高度随之变化。也可以自定义任意的尺寸，可以直接在"宽度"和"高度"文本框中输入所需要的尺寸。

（3）分辨率：上一章已经学习了分辨率的概念，该值是一个非常重要的参数，在文件的高度和宽度不变的情况下，分辨率越高，图像越清晰。

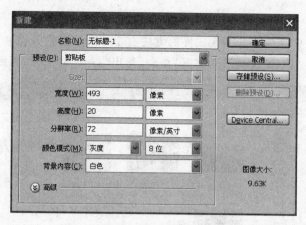

图 2-1　Photoshop CS3"新建"对话框

> **※经验提示※**
>
> 如果创建的文件只用于显示或者上传于网页时,分辨率适合设置为 72ppi;如果文件用于喷绘输出,分辨率适合设置为 150ppi;如果文件用于高精度写真或者专业印刷,分辨率至少设置为 300ppi。

　　(4) 颜色模式:根据创建图像的实际需要,在下拉列表框中选择不同的颜色模式:如果图像只用于屏幕显示,则选择"RGB 模式";如果图像用于打印或印刷,则选择 CMYK 模式。

　　(5) 背景内容:用于设置文件背景,可以选择"白色"、"背景色"或者"透明"三种方案。选择"白色"表示新文件的背景是白色,选择"背景色"表示新文件的背景色与工具箱下边的背景色一致,选择"透明"表示文件呈透明状,没有背景图层,只有一个"图层 1"。

　　(6) "存储预设"按钮:单击该按钮,可以将当前设置的参数保存为预设方案,在下次新建文件时,可以直接在下拉列表框中选择并调用,节省用户的时间。

　　设置好以上参数后,单击"确定"按钮,即产生一个新文件工作区,如图 2-2 所示,现在就可以在这个空白的纸上面设计作品了。

图 2-2　Photoshop CS3 新建文件的工作区

2. 打开文件

在 Photoshop CS3 中打开图像文件的方法有 10 种，下面将分别进行介绍。

（1）菜单命令：执行"文件"→"打开"命令，弹出"打开"对话框，如图 2-3 所示。

图 2-3　Photoshop CS3"打开"对话框

此对话框的各选项含义如下。

① 查找范围：在该下拉列表框中选择文件的路径。

② 按钮组：单击 按钮可以转到已访问的上一个文件夹；单击 按钮可以返回至上一级文件夹；单击 按钮可以在当前文件夹下面新建一个文件夹；单击 按钮可以改变对象区图像的显示方式；单击 按钮可以把当前路径存储到收藏夹，在弹出的菜单中也可以管理收藏夹。

③ 文件名：在文件列表中选择一张图片，"文件名"下拉列表框中就会显示该文件的名称，如果单击"打开"按钮，图片就会打开。

> **※经验提示※**
> 　　如果只打开一个文件，双击该文件即可；如果要打开多个连续或呈矩形状的文件，用鼠标拉一个矩形框即可；如果要打开多个非连续的文件，则按住 Ctrl 键依次单击需要打开的文件。

④ 文件类型：在该下拉列表框中可以选择所要打开文件的格式，选择"所有格式"则会显示所有图像文件；如果只选择一种图像格式，则会隐藏其他所有图像格式文件。例

如：选择 JPEG(＊.jpg、＊.jpeg、＊.jpe)，则文件列表框中只会显示 JPEG 格式的文件。

（2）菜单命令：选择"文件"→"最近打开文件"命令，在弹出的下一级菜单中显示最近打开或编辑的图像。

（3）菜单命令：选择"文件"→"浏览"命令。

（4）菜单命令：选择"文件"→"打开为"命令。

（5）菜单命令：选择"文件"→"打开智能对象"命令。

（6）快捷键 1：按 Ctrl＋O 键。

（7）快捷键 2：按 Ctrl＋Alt＋O 键。

（8）快捷键 3：按 Ctrl＋Alt＋Shift＋O 键。

（9）快速打开法：在工作区灰色区域双击，表示"打开"。

（10）按住 Alt 键在工作区灰色区域双击，表示"打开为"。

3. 保存文件

在实际工作中，经常需要对做好的图像进行保存，下面一起来学习在 Photoshop CS3 中保存文件的方法。

（1）菜单命令：选择"文件"→"存储"命令。

（2）菜单命令：选择"文件"→"存储为"命令，表示把当前文件存储为一个新的文件。

（3）快捷键 1：按 Ctrl＋S 键。

（4）快捷键 2：按 Ctrl＋Alt＋S 键。

使用以上任意一种方法后，系统会弹出"存储为"对话框，如图 2-4 所示。

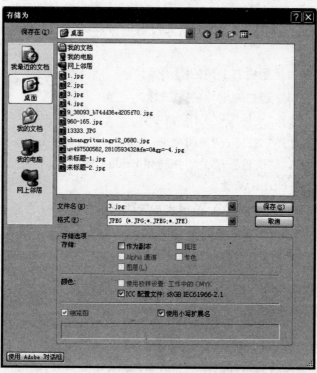

图 2-4　Photoshop CS3"存储为"对话框

下面介绍 Photoshop CS3 中常用的图像格式。

计算机中的图像以文件的形式存在,即常说的图像文件。图像文件有很多种格式,这些格式有各自的特点,软件根据它们自身的优势来运用和管理图像。

(1) PSD。PSD 格式是 Photoshop CS3 软件专用的文件格式,也就是新建文件时默认的文件格式。它的特点是保存图像的图层、参考线、通道等信息,而且还支持所有色彩模式。优点是保存的信息多,缺点是文件占用磁盘空间大。

(2) JPEG。JPEG 是一种压缩率很高的文件格式,主要用于网页素材图像等静态图像格式。专业的质量要求高的图像一般不采用此类格式。

JPEG 格式支持 CMYK、RGB、灰度等色彩模式。优点是占用空间小,缺点是有损图像原始质量。

(3) BMP。BMP 图像是 Windows 操作系统中"画图"程序的标准文件格式,该文件采用的是无损压缩,因此,其优点是图像不失真,缺点是图像占用空间较大。

(4) GIF。GIF 格式为 256 色的 RGB 模式,其主要特点是文件占用空间特别小,支持透明背景,支持动画,特别适合作网页图像。

(5) PNG。PNG 图像格式文件(或者称为数据流)由一个 8 字节的 PNG 文件署名(PNG file signature)域和按照特定结构组织的 3 个以上的数据块(chunk)组成。最大优点是它几乎包含 GIF 和 JPEG 的全部特点。其缺点是使用的无损压缩方案,所以通常该格式的文件比 JPEG 大,而且不支持动画。

4. 关闭文件

当图像处理完毕并且保存后,就可以关闭编辑窗口,下面分别介绍关闭文件的 8 种方法。

(1) 单击图像窗口标题栏右上角的 ⊠ 图标。

(2) 双击图像窗口标题栏左上角的 Ps 图标。

(3) 菜单命令:选择"文件"→"关闭"命令。

(4) 菜单命令:选择"文件"→"关闭全部"命令。

(5) 菜单命令:选择"文件"→"关闭并转到 Bridge"命令。

(6) 快捷键 1:按 Ctrl+W 键。

(7) 快捷键 2:按 Ctrl+Shift+W 键表示关闭并转到 Bridge。

(8) 快捷键 3:按 Ctrl+F4 键。

※经验提示※

如果想要一次性关闭工作中打开的多张图像,按住 Shift 键单击其中一张图像的关闭按钮即可。

---

5. 置入图像

置入图像的意义是复制其他图像到当前编辑图像工作区。这在 Photoshop CS3 中使用频率非常高,有以下两种操作方法。

1）使用 Windows 的剪贴板

在进行编辑图像的过程中，一种方法是可以直接将图像复制到 Windows 剪贴板中，再粘贴到图像工作区。

2）运用"置入"命令

选择"文件"→"置入"命令，弹出"置入"对话框（如图 2-5 所示），接下来在"查找范围"下拉列表框中选择文件所在的位置，然后在文件列表中选择所要置入的文件，直接双击文件或者单击"置入"按钮，即可置入所选择的文件。

图 2-5　Photoshop CS3"置入"对话框

当在"置入"对话框中选择 AI、PDF、EPS 等格式的文件时，会弹出相应的对话框，可以根据实际需要在对话框中设置好选项，单击"确定"按钮，即可置入文件。

置入图像后会出现一个浮动的对象控制框（如图 2-6 所示），可以改变置入图像的位置、方向和大小，调整完成后按 Enter 键确认，按 Esc 键可取消图像的置入。

6. 导出图像文件

在 Photoshop CS3 中，使用导出图像命令可以将图像导出到其他软件中进行编辑。导出图像主要有以下两种方法。

1）使用 Windows 的剪贴板

使用 Windows 剪贴板不但可以将其他应用软件中的图像置入到 Photoshop CS3 中，也可以将 Photoshop CS3 中编辑的图像导出到其他应用软件中。可以在 Photoshop CS3 中对图像进行复制操作，然后到其他软件中粘贴即可完成操作。

图 2-6　Photoshop CS3 对象控制框

2）使用菜单命令

如果需要将绘制的路径导出至 Illustrator 软件中，可选择"文件"→"导出"→"路径到 Illustrator"命令，弹出"导出路径"对话框（如图 2-7 所示），在"文件名"文本框中输入名称后，单击"确定"按钮，即可将导出的文件保存为 AI 格式。

图 2-7　Photoshop CS3"导出路径"对话框

7. 撤销和恢复操作

在 Photoshop CS3 中编辑图像时，熟练地使用撤销和恢复操作，对制图有很大的帮助。

1）撤销

编辑图像过程中，取消上一步的操作称为撤销。撤销操作有以下两种方法。

（1）快捷键：按 Ctrl＋Alt＋Z 键。

（2）菜单命令：选择"编辑"→"后退一步"命令。

2）恢复

编辑图像过程中，如果发现刚刚撤销的操作错误时，还可以还原撤销操作以前的状态，即"恢复"操作。恢复操作有以下两种方法。

(1) 快捷键：按 Ctrl＋Shift＋Z 键。

(2) 菜单命令：选择"编辑"→"前进一步"命令。

3) 撤销与恢复切换

当前操作步骤与上一步之间进行切换，有以下两种方法。

(1) 快捷键：按 Ctrl＋Z 键。

(2) 菜单命令：选择"编辑"→"还原"/"重做"命令。

　　※经验提示※

　　Photoshop CS3 中，默认的可撤销操作，也就是历史记录是 20 条，20 步之后，在此之前的记录就会被删除，以便释放更多的内存。为操作方便，当需要更多的历史记录时，可以选择"编辑"→"首选项"命令，在弹出的"首选项"对话框左侧的列表框中选择"性能"选项，在右侧的对话框中进行设置（如图 2-8 所示）。

　　在对话框中，在"历史记录状态"输入框中，可以根据实际需要设置范围为 1～1 000 的记录数目。

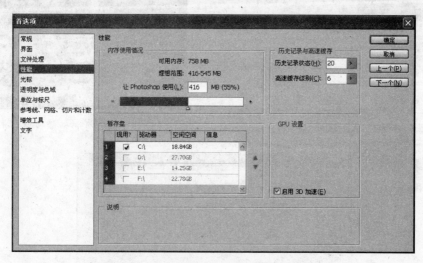

图 2-8　Photoshop CS3"首选项"对话框

【学以致用】　水波涟漪效果

下面利用以上所学的知识，在 Photoshop CS3 中完整地做一个简单的效果。

(1) 选择"文件"→"打开"命令，打开一幅夜景图像（如图 2-9 所示）。

(2) 利用椭圆选框工具(M)在图像水面部分画一个椭圆（如图 2-10 所示）。

(3) 选择"滤镜"→"扭曲"→"水波"命令，弹出"水波"对话框（如图 2-11 所示），在"数量"文本框中输入－40，在"起伏"文本框中输入 6，在"样式"下拉列表框中选择"水池波纹"选项。可以在上面的预览框里面看到设置后水波的变化及效果。

(4) 单击"确定"按钮后，即产生水波涟漪的效果（如图 2-12 所示）。

(5) 选择"文件"→"存储"命令，保存文件至目标文件夹中（如图 2-13 所示），保存类型为 PSD 格式，以便下次可以查看与修改。

图 2-9　图像素材

图 2-10　绘制椭圆选框

图 2-11　"水波"对话框

图 2-12　水波涟漪效果

图 2-13　保存水波涟漪效果图

2.2　图像的显示控制

在没有开始正式绘图之前,首先要对计算机中已有的图像文件能熟练地查看与操作。具体包含打开、关闭、放大、缩小、平移、旋转、切换、排列等操作。在 Photoshop CS3 中,可以同时打开多个图像文件,其中当前图像显示在最前面。根据需要,可能要不断地改变窗口的大小、位置、排列及前后顺序。

1. 改变窗口的大小和位置

当窗口不是处于最大化时,可以拖动标题栏移动窗口的位置。

同时,也可以调整窗口的大小,不仅可以单击标题栏右上角的"最小化"、"最大化"按钮,还可以把鼠标指针移到窗口边缘和拐角处,指针会变成双向箭头,拖动也可改变窗口的大小。

2. 切换窗口

当在 Photoshop CS3 中打开多张图像文件时,只有一张图片是当前可编辑文件,称为"当前窗口",当要编辑其他窗口时,需要进行"当前窗口"的切换,下面介绍几种切换窗口的方法。

1) 直接单击窗口

把鼠标移到某一个窗口上的任何位置,单击后,即可将其变为当前窗口。

2) 运用快捷键

(1) 快捷键 1:Ctrl＋Tab 键(最常用)。

(2) 快捷键 2:Ctrl＋F6 键。

3) 使用菜单命令切换

单击"窗口"菜单,弹出的下拉菜单中最下面会显示当前所有已打开图像文件的名称,文件名称前面标记为√的表示其为当前窗口,单击某一个文件名称,即可将其切换为当前窗口。

3. 切换图像显示方式

Photoshop CS3 中图像的显示方式共有 4 种,可根据实际需要灵活运用。

(1) 标准显示方式,如图 2-14 所示。

(2) 最大化显示方式,如图 2-15 所示。

(3) 带有菜单栏的全屏方式,如图 2-16 所示。

(4) 全屏方式,如图 2-17 所示。

※经验提示※

按 F 键可以在以上 4 种显示方式之间进行切换;

按 Tab 键,可以隐藏或显示工具栏及控制面板。

4. 放大与缩小图像的显示

在操作与编辑图像时,常常要对图像的大小进行缩放,以便完成各项操作。

图 2-14　标准显示方式

图 2-15　最大化显示方式

1）运用缩放工具（Z）

缩放工具的热键是 Z，直接按 Z 键，即可使用缩放工具，鼠标会变成 形状。

在图像区域单击一次，图像放大一个预定的比例，当放大到 3 200％时，鼠标指针中心

图 2-16　带有菜单栏的全屏方式

图 2-17　全屏方式

会变成白色,表示已达到了最大的倍数,不能再放大了。

　　按住 Alt 键在图像区域单击一次,图像缩小一个预定的比例,当缩小到一定的比例时,鼠标指针中心同样会变成白色,表示不能再缩小了。

2）运用快捷键

（1）Ctrl＋＋：可以将图像放大一定比例。

（2）Ctrl＋Alt＋＋：可以将图像放大的同时自动调整窗口至合适的大小。

（3）Ctrl＋－：可以将图像缩小一定比例。

（4）Ctrl＋Alt＋－：可以将图像缩小的同时自动调整窗口至合适的大小。

（5）Ctrl＋O：可以将图像以最合适的比例完全显示。

（6）Ctrl＋Alt＋O：将图像以 100％的比例显示，其为"实际像素"的快捷键。

3）菜单命令

运用"视图"菜单中的放大、缩小、按屏幕大小缩放、按实际像素及打印尺寸可以对图像进行查看操作。

5. 图像的平移与排列

1）图像的平移

选择工具箱中的抓手工具（H）🖐，可以对图像进行平移操作。当图像放大到一定比例时，如果需要对图像的其他位置进行查看，可以使用抓手工具，当鼠标变成🖐 形状时，可以在图像上面拖动查看图像的任意位置。

2）图像的排列

在 Photoshop CS3 中，当打开多个图像窗口时，工作界面默认的窗口显示状态为"层叠"。那么怎样使多个图像窗口叠放得有秩序呢？请选择"窗口"→"排列"下面的子命令（如图 2-18 和图 2-19 所示）。

图 2-18　多个窗口的"层叠"效果

图 2-19 多个窗口的"平铺"效果

2.3 调整图像的尺寸

图像的尺寸和分辨率是关系到图像质量的重要因素。

1. 调整图像的尺寸

在 Photoshop CS3 中编辑图像时,可根据需要调整图像的分辨率,其操作方法有如下两种。

(1) 菜单命令:选择"图像"→"图像大小"命令。

(2) 快捷键:按 Ctrl+Alt+I 键。

【学以致用】 调整图像尺寸

(1) 选择"文件"→"打开"命令,打开一幅风景的图片,如图 2-20 所示。

(2) 选择"图像"→"图像大小"命令,弹出"图像大小"对话框,如图 2-21 所示。

图 2-20 素材图像

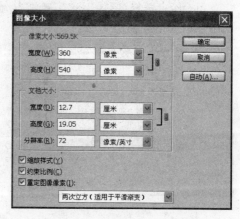

图 2-21 "图像大小"对话框

对话框中的主要选项含义如下。

① 像素大小：该选项区域中显示的是当前图像的宽度和高度，决定了图像的尺寸。

② 文档大小：通过改变该选项区域中的"宽度"和"高度"值，可以调整图像在屏幕上的显示大小，同时图像的尺寸也相应发生了变化。

③ 约束比例：选中该复选框后，"宽度"和"高度"选项后面将出现锁链图标，表示改变其中某一项设置后，另一选项会按比例同时发生变化。

（3）单击"确定"按钮，完成图像尺寸改变操作。

2. 调整图像的画布大小

调整图像的画布大小，不是改变图像的显示和打印尺寸，而是增加或减少图像的空白区，操作方法有以下两种。

（1）菜单命令：选择"图像"→"画布大小"命令。

（2）快捷键：按 Ctrl＋Alt＋C 键。

使用以上任意一种方法，均弹出"画布大小"对话框，如图 2-22 所示。

此对话框中主要选项的含义如下。

（1）当前大小：显示当前图像的大小与尺寸。

（2）新建大小：用于输入新的画布宽度和高度。

图 2-22 "画布大小"对话框

（3）定位：设置画布生效的方向。

（4）画布扩展颜色：表示新增画布区域显示的颜色，"背景"选项表示与工具箱的背景色相同；可以单击右边的颜色框自选各种颜色。

3. 旋转画布

有时候在采集数码相机中的图像时，常伴有轻微的倾斜现象，这时就需要对其进行旋转与翻转操作。操作方法如下。

菜单命令：选择"图像"→"旋转画布"命令。

子菜单各命令的含义如下。

（1）180°：执行该命令，可以将图像旋转 180°。

（2）90 度(顺时针)：可以将图像沿顺时针方向旋转 90°。

（3）90 度(逆时针)：可以将图像沿逆时针方向旋转 90°。

（4）任意角度：系统弹出"旋转画布"对话框，在该对话框的"角度"数值框中自定义旋转角度(如图 2-23 所示)。

（5）水平翻转画布：可以对图像进行水平翻转操作，效果等同于水平镜像。

（6）垂直翻转画布：可以对图像进行垂直翻转操作，效果等同于垂直镜像。

图 2-23 "旋转画布"对话框

2.4　图像的裁剪

以上所学习的改变图像的尺寸和角度都是要精确地计算长度与角度的，有没有一种比较直观的方法来修整图像的大小和方向呢？没问题，Photoshop CS3 往往给人意外的功能，它的裁剪功能能够实现这个目标。

1. 使用裁剪工具（C）

裁剪工具的快捷键是 C，直接按 C 键即可使用裁剪工具，首先来看看裁剪工具属性栏（如图 2-24 所示）。

图 2-24　裁剪工具属性栏

该工具属性栏的主要选项功能如下。

（1）宽度/高度：在这两个数值框中输入所需的数值，可对图像进行精确裁剪。

（2）分辨率：在该数值框中可输入裁剪后的图像分辨率。

（3）前面的图像：单击该按钮，可查看裁剪前的大小和分辨率。

（4）清除：单击该按钮，可清除工具属性栏中所有数值框内的数值，还原默认值。

2. 使用选区进行裁剪

可以在图像编辑区创建任意一个选区，然后选择“图像”→“裁剪”命令来裁剪图像。

3. 裁切图像四周空白区域

使用 Photoshop CS3 的裁切功能，可以轻松裁剪图像四周空白内容。

【学以致用】　修正扫描照片

在日常生活中，时常会碰到扫描或数码相机输入的照片，因为扫描或输入时方向精度不够，那么在计算机中查看图像时便不是水平显示的，所以就要用所学到的知识来解决这些问题。操作步骤如下。

（1）启动 Photoshop CS3，选择“文件”→“打开”命令打开一张扫描输入的图像文件（如图 2-25 所示）。可以看到这张图片现在呈倾斜状态，而且亮度不够。

（2）在工具箱中选择“裁剪”工具，在图像编辑区拖动出一个裁剪框（如图 2-26 所示），可以看到图像的裁剪区外呈暗色。

图 2-25　扫描输入的原始图片

图 2-26　使用裁剪工具

（3）调整裁剪框，将鼠标指针移至裁剪框上，上下拖动使之与夜景图片对齐，拖动裁剪框的 8 个控制点，可以改变其大小（如图 2-27 所示）。

（4）在裁剪框内双击或者直接按 Enter 键，确定裁剪，得到图 2-28 所示的效果。

图 2-27　裁剪框的编辑

图 2-28　裁剪后的效果

（5）调整图像亮度，选择"图像"→"调整"→"亮度/对比度"命令，弹出"亮度/对比度"设置对话框（如图 2-29 所示），设置"亮度"为＋50，"对比度"为＋20，然后单击"确定"按钮，得到图 2-30 所示的效果。

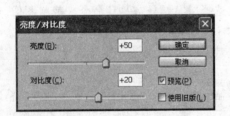

图 2-29　"亮度/对比度"对话框

图 2-30　调整亮度/对比度后的效果

（6）保存文件至目标文件夹，命名为"裁剪图像.psd"。

2.5　温故知新

1. 填空

（1）JPEG 是一种＿＿＿＿＿的文件格式，主要用于＿＿＿＿＿。

（2）如果想要一次性关闭工作中打开的多张图像，需要按住＿＿＿＿＿键并单击＿＿＿＿＿按钮即可。

（3）Photoshop 中，默认的可撤销操作是＿＿＿＿＿步，可以通过＿＿＿＿＿→＿＿＿＿＿→＿＿＿＿＿进行设置。

2. 选择

（1）Photoshop 的默认保存的标准格式是＿＿＿＿＿。

　　A. .gif　　　　　　B. .jpg　　　　　　C. .psd　　　　　　D. .tiff

（2）可以在四种图像显示方式之间进行切换的快捷键是_____。

  A. Tab   B. F   C. Shift+Tab D. Z

（3）以下关于打开文件的快捷方式中，不正确的是_____。

  A. Ctrl+O   B. Ctrl+Alt+O

  C. Shift+O   D. 双击

3. 简答

（1）切换窗口有几种方式？

（2）简要说明“图像大小”和“画布大小”的区别。

4. 操作

反复练习图像的基本操作，熟练运用辅助工具，熟记相关快捷操作。

第3章
关于图像选区及相关工具

本章学习重点：

- 了解图像选区的概念及作用；
- 掌握选区绘制工具的使用方法；
- 掌握图像选区的编辑方法。

3.1 图像选区的选取

图像选区是一个非常重要的概念，在 Photoshop 中可以使用多种选择工具进行选区的选取。首先来看一下什么是选区。比如说可以选择图像中一个矩形的部分，可以看到在这个矩形选择的外部有这样类似于蚂蚁爬行的边缘线，这种边缘线就是选区（如图 3-1所示）。在选区的内部，可以进行绘画、移动等任何操作。比如说，可以使用画笔在选区的内部进行绘画，而当画笔走到选区的外部的时候，可以看到外部是不受影响的（如图 3-2所示），也就是说选区起到一个保护画面的作用。只有选区的内部图像才会被编辑，而外部则不会被同时编辑。

图 3-1　矩形的边缘线被称为选区

图 3-2　选区外部不会被编辑

1. 选框工具组（M）

在 Photoshop 中选择工具是非常多的，规则图形选择工具组是最基本的选择工具。可以利用它选择最基本的形状。其中选框工具是 Photoshop CS3 中使用频率较高的工具之一，右击选框工具图标，会弹出一个工具列表，包括矩形选框工具、椭圆选框工具、单行选框工具和单列选框工具。

1) 矩形选框工具

矩形选框工具是 Photoshop CS3 中最基本、最常用的工具，工具属性栏如图 3-3 所示，功能是创建矩形选区（如图 3-4 所示）。

图 3-3　矩形选框工具属性栏

工具属性栏各选项含义如下。

（1）选区运算方式：分别表示新选区、添加到选区、从选区减去和与选区交叉，可以根据实际需要选择不同的方式。

（2）羽化：在创建选区之前设置生效，可以设置选区边缘的羽化程度。

（3）消除锯齿：选中该复选框，可以将所选区域的边界的锯齿消除。

（4）样式："正常"表示可以使用鼠标在图像工作区任意拖动产生选区；"固定比例"表示可以创建固定宽高比的选区；"固定大小"表示创建固定宽度和高度的选区。

2) 椭圆选框工具

椭圆选框工具可以创建椭圆和正圆选区（如图 3-5 所示），属性栏的参数与矩形选框工具的类似。

图 3-4　矩形选区

图 3-5　椭圆选区

※经验提示※

在使用矩形选框工具和椭圆选框工具时，使用以下方法，可能使操作更加方便。

■ 按住 Shift 键的同时拖动，可创建一个正方形或正圆选区。

■ 按住 Alt 键，将以鼠标起点位置为中心，创建矩形或椭圆选区。

■ 按住 Shift＋Alt 组合键，将以鼠标起点位置为中心点，创建一个正方形和正圆选区。

3）单行/单列选框工具

单行/单列选框工具用于选择 1 个像素点高/宽的整行/整列的选区,一般用于比较细微与高精度的选择(如图 3-6 和图 3-7 所示)。

图 3-6　单行选区

图 3-7　单列选区

2. 套索工具组(L)

矩形和椭圆选框工具创建的都是规则的选区,而套索工具创建的是不规则的选区,工具组中有套索工具、多边形套索工具和磁性套索工具(如图 3-8 所示)。

1）套索工具

套索工具用来绘制手绘线条非常有用,可以用来选择不规则的图像区域(如图 3-9 所示)。各选项参数与前面所讲相同,在此不再重复。

图 3-8　套索工具组

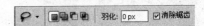

图 3-9　套索工具属性栏

※经验提示※

在使用套索工具的过程中,按住 Alt 键,套索工具即可转变为多边形套索工具,可以当作多边形套索工具使用。

2）多边形套索工具

使用多边形套索工具可以创建不规则的多边形选区,它是以在画面上单击的点为准,每单击一次,确定一个点,最终形成一个多边形的选择区。比如三角形、星形、爆炸形等。选择工具箱中的多边形套索工具后,只需在图像编辑窗口图像边缘上依次单击,系统会自动将这些点连接起来。

※经验提示※

在使用多边形套索工具的过程中,若希望结束套索点,按住 Ctrl 键的同时单击,或者直接双击,或按 Enter 键。

3) 磁性套索工具

磁性套索工具,顾名思义,它具有磁性。当使用磁性套索工具在图像中一些比较明显的边缘上单击并且拖动时,会产生一条线,这条线会牢牢地吸附在这个较明显的边缘上。即使当鼠标在拖动过程中稍微有些偏离这个边缘时,因为它具有磁性,所以它依然会牢牢地吸附在之前的边缘上。磁性套索工具适用于背景对比度比较强的画面,它可以沿着图像的边缘自动生成选区,而方便对图像进行选取。可以直接按 Shift＋L 组合键,切换到磁性套索工具,其属性栏如图 3-10 所示。

图 3-10　磁性套索工具属性栏

该工具栏各主要选项的含义如下。

(1) 宽度:用于设置磁性套索工具检测的边缘宽度,其取值范围为 1～40 像素,数值越小选取的图像边缘越精确。

(2) 边对比度:用于设置工具的边缘反差,其取值范围为 1％～100％,数值越大选取范围越精确。

(3) 频率:用于设置磁性套索工具选取时的节点数目,即在选取时产生了多少节点,其取值范围为 1～100,数目越大节点越多。

3. 魔棒工具组(W)

在 Photoshop CS3 中,原本单独的魔棒工具被在其基础上新增了一个快速选择工具,而成为了工具组。

1) 魔棒工具

在以前的 Photoshop 各版本中,魔棒工具是十分重要的一个工具,它可以用来选择比较相近的颜色。选择魔棒工具后,其属性栏如图 3-11 所示。

图 3-11　魔棒工具属性栏

该工具栏主要选项的含义如下。

(1) 容差:确定选取像素的差异,取值范围为 0～255。数值越小,选取的颜色范围越小;数值越大,选取的颜色范围越广。

(2) 连续:选中该复选框,在图像上单击一次,只能选中与单击处相邻并且颜色相同的像素。取消选中该复选框,在图像上单击一次,即可选择图像中所有与单击处颜色相同或相近的像素。

(3) 对所有图层取样:选中该复选框,可以在所有可见图层上选取相近的颜色;取消选中该复选框,则只能在当前层选取颜色。

2)快速选择工具

快速选择工具是之前版本中魔棒工具的一个升级,它是 Photoshop CS3 版本中新增的一个功能非常强大的工具。当使用快速选择工具在图像中进行移动的时候,它能将鼠标所经过的所有图像颜色进行选中,从而快速地创建选区。其属性栏如图 3-12 所示。

图 3-12　快速选择工具属性栏

该工具栏主要选项的含义如下。

(1)前面是三种创建选区方式:新选区、添加到选区和从选区减去。

(2)画笔:设置在图像上拾取颜色的画笔大小,数值越大,画笔越大,拾取的颜色越复杂;数值越小,画笔越小,拾取的颜色越精细。

【学以致用】　名片的制作

学习了选区创建之后,现在来制作一张名片,操作步骤如下。

(1)启动 Photoshop CS3,选择"文件"→"新建"命令,按图 3-13 所示设置"宽度"为 9 厘米,"高度"为 5.5 厘米,"分辨率"为 300 像素/英寸,"CMYK 颜色"模式,单击"确定"按钮。

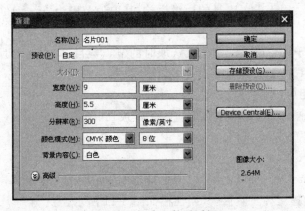

图 3-13　新建文件对话框

(2)选择"文件"→"置入"命令,找到 XX 装饰图标,单击"确定"按钮,使用移动工具将图标移到合适的位置(如图 3-14 所示)。

(3)选择矩形选框工具,在名片的最下边画一个矩形选框(如图 3-15 所示),然后把工具栏上的前景色改为红色,单击"图层"面板上的　按钮,新建一个图层。

(4)按 Alt+Delete 组合键,将前景色填充至矩形选区中(如图 3-16 所示),按 Ctrl+D 组合键取消选区。

(5)选择文字工具,在工作区输入如图 3-17 所示的文字。

(6)选择矩形选框工具,在公司名称下面创建一个比较细的矩形选区(如图 3-18 所示),填充黑色(如图 3-19 所示)。

图 3-14 置入图标

图 3-15 创建选区

图 3-16 填充选区

图 3-17 输入文字

图 3-18 创建矩形选区

图 3-19 填充黑色

（7）完成名片的制作，保存文件至目标文件夹，命名为"名片.psd"。

3.2 图像选区的编辑

在 Photoshop CS3 中，创建了选区之后，还可以对选区进行简单的编辑。

1. 选区的移动

选区的移动有以下两种方法。

（1）使用鼠标移动选区：在图像窗口中，使用选框工具时可以将鼠标放置于选区中进行拖动。

（2）键盘中的方向键：选择了选框工具后，使用键盘上的4个方向键，可以精确地以1个像素为单位移动选区。选区移动的效果如图3-20所示。

图3-20　选区移动前后效果对比

※经验提示※

移动选区时，若按Shift＋方向键，可移动10像素的距离；若按住Ctrl键移动选区，则移动当前层选区内的图像。

2. 反向选区

当需要选择当前选区外的图像时，可使用"反向选择"命令，其操作方法有以下3种。

（1）菜单命令：选择"选择"→"反向选择"命令。

（2）快捷键：按Shift＋Ctrl＋I组合键。

（3）快捷菜单：在图像窗口中的任意位置右击，在弹出的快捷菜单中选择"反向选择"命令。

反向选择的效果如图3-21所示。

图3-21　选区反向选择前后效果对比

3. 存储和载入选区

在图像处理及绘制过程中，可以对创建的选区进行保存，以便于以后的操作和使用。

1）存储选区

要在图像窗口中创建一个选区，可选择"选择"→"存储选区"命令，弹出"存储选区"对话框,如图 3-22 所示。

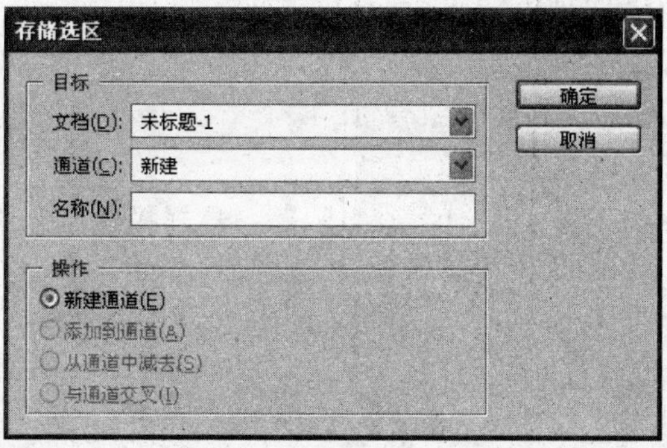

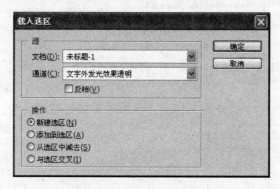

图 3-22 "存储选区"对话框

2)载入选区

要载入已存储的选区,可选择"选择"→"载入选区"命令,弹出"载入选区"对话框,如图 3-23 所示。

图 3-23 "载入选区"对话框

该对话框各主要选项的含义如下。

(1)文档:选择文件来源。

(2)通道:选择包含要载入选区的通道。

(3)反相:使非选定区域处于选中状态。

(4)新建选区:添加载入的选区。

(5)添加到选区:将载入的选区添加到现有选区。

(6)从选区中减去:在已有的选区中减去载入的选区,从而得到新选区。

(7)与选区交叉:可以将图像中的选区和载入的选区的相交部分生成新选区。

4. 取消与重新选择选区

取消选区有以下 3 种方法。

(1)菜单命令:选择"选择"→"取消选区"命令。

(2)快捷键:按 Ctrl+D 组合键。

(3)鼠标:使用选框工具,当属性栏中选择选区运算方式为"新选区"时,在已有选区以外画面中任意位置单击。

重新选择选区有以下两种方法。

(1) 菜单命令：选择"选择"→"重新选择"命令。

(2) 快捷键：按 Shift＋Ctrl＋D 组合键。

5. 隐藏和显示选区

当图像创建了选区时，可以将选区隐藏或显示，这样操作起来更加方便。

隐藏和显示选区有以下两种方法。

(1) 菜单命令：选择"视图"→"显示"→"选区边缘"命令。

(2) 快捷键：按 Ctrl＋H 组合键。

3.3　温故知新

1. 填空

(1) 选框工具组中关于选区的几种运算方式分别为_____。

(2) 魔棒工具属性栏中容差的取值范围是_____。

(3) 磁性套索工具适用于_____。

2. 选择

(1) 使用选框工具组时，按住_____键可以创建正方形或者正圆选区。

　　A. Alt　　　　　B. Shift　　　　　C. Ctrl　　　　　D. Shift＋Ctrl

(2) 可以通过_____操作使选区与选区周围图像的过渡模糊，以达到柔和的目的。

　　A. 锐化　　　　　B. 柔化　　　　　C. 羽化　　　　　D. 容差

(3) "取消选区"的快捷键是_____。

　　A. Ctrl＋E　　　　B. Ctrl＋D　　　　C. Shift＋D　　　　D. Alt＋E

3. 简答

(1) 选区的创建有哪些方法？

(2) 简要说明快速选择工具的作用和用法。

4. 操作

利用不同的选区制作工具，制作出规则和非规则等不同形状选区。注意反复操作，熟练掌握选区的建立与编辑等相关操作。

第 4 章
Photoshop 工具的使用

本章学习重点：
- 掌握绘图与填充工具的使用；
- 掌握图像修复工具及修饰工具的使用；
- 掌握吸管工具及相关颜色选区的使用。

4.1 画笔工具组(B)

1. 画笔工具

使用画笔工具可以在图像中绘制前景色，也可以创建柔和的颜色描边。选择工具箱中的画笔工具，其属性栏如图 4-1 所示。

图 4-1　画笔工具属性栏

该工具属性栏各主要选项的含义如下。

（1）图标：单击此图标，可弹出"工具预设"面板。

（2）画笔：如图 4-2 所示，单击右边的三角形，可设置画笔的主直径和画笔样式，可拖动相应的滑竿进行设置，设置后，可把鼠标移到图像编辑区，查看预览效果。

（3）模式：设置画笔和图像的合成效果，一般称为混合模式，可以在图像上产生独特的画笔效果。打开下拉列表，这些模式与图层中的图层模式大致相同，其作用如下。

① 正常：是一种直接表现选定的画笔形态的方法。

② 溶解：按照像素形态显示笔触，不透明度的数值越小，画面上显示的像素越多。

③ 背后：当有透明图层存在的时候才可以使用，画笔的效果会在透明区域里表现出来。

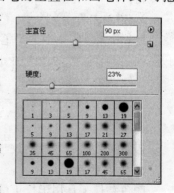

图 4-2　画笔选项设置

④ 清除：当有透明图层存在的时候才可以使用，画笔的效果会在透明区域里表现出来。

⑤ 变暗：颜色深的部分没有变化，高光部分会被处理成很暗的效果。

⑥ 正片叠底：画笔颜色与背景中图像颜色重叠显示，重叠后的颜色会显示为混合后所产生的颜色。

⑦ 颜色加深：使颜色加深，和工具箱中加深工具的作用一样。

⑧ 线性加深：可以将图像的轮廓部分更强烈地表现出来。

⑨ 变亮：可以把画笔的颜色和图像暗部的颜色处理得很亮。

⑩ 滤色：可以表现图像好像被漂白后的效果。

⑪ 颜色减淡：和颜色加深正好相反，使颜色减淡变亮的效果，类似于工具箱中的减淡工具。

⑫ 线性减淡：在白色以外的颜色上混合白色，表现整体变亮的效果。

⑬ 叠加：在高光和阴影上表现涂抹颜色的合成效果。

⑭ 柔光：在画面中加入很柔的光线的效果，可以使亮的更亮，暗的更暗。

⑮ 强光：如同被很强烈的光线所照射的效果。

⑯ 亮光：表现比应用颜色更亮的颜色的效果。

⑰ 线性光：表现很强烈的颜色的对比值。

⑱ 点光：表现整体被点亮的效果，会将白色部分表现为透明。

⑲ 实色混合：通过强烈的颜色对比效果，表现接近于原色的效果。

⑳ 差值：类似于底片的效果。

㉑ 排除：表现图像中颜色补色的效果，对黑色部分没有影响。

㉒ 色相：调整混合颜色的色相。

㉓ 饱和度：调整混合颜色的饱和度。

㉔ 颜色：调整混合颜色的颜色。

㉕ 亮度：表现颜色模式正反相的颜色，同时使整个画面提亮。

（4）喷枪工具：单击该按钮，系统启用喷枪工具，使用时绘制的线条会因鼠标的停留而变粗。

2. 铅笔工具

Photoshop CS3 中的铅笔工具能模拟真实的铅笔画出一条边缘生硬的线条，笔画可以是细的、粗的、方的或圆的等。其属性栏如图 4-3 所示。

图 4-3　铅笔工具属性栏

铅笔工具的属性栏参数与画笔工具类似，在这里不再重复。

3. 颜色替换工具

颜色替换工具用于校正颜色在目标颜色上绘画，该工具不适用于位置、索引或多通道颜色模式的图像，其属性栏如图 4-4 所示。

该工具栏各主要选项的含义如下。

图 4-4　颜色替换工具属性栏

（1）画笔：用于指定画笔笔尖的直径、硬度、间距、角度和圆度等。

（2）模式：该下拉列表框中有 4 个选项，即色相、饱和度、颜色和明度。用于设置如何将新的绘图元素与图像中已有的元素混合。

（3）"取样：连续"：对区域进行连续不断的颜色取样。

（4）"取样：一次"：只替换包含第一次单击的颜色区域中所选取的颜色。

（5）"取样：背景色板"：只替换图像中与当前前景色颜色相同的像素。

（6）容差：用于决定与像素匹配到什么程度才能进行替换。数值越小与取样的颜色越相近，数值越大替换的颜色范围越广。

（7）消除锯齿：选中该复选框，可以为所校正的区域定义平滑的边缘。

4.2　历史画笔工具组(Y)

1. 历史记录画笔工具

使用历史记录画笔工具能够将当前图层中的画面还原到图像打开时的效果。操作步骤是选择该工具，设置好画笔大小与硬度，然后在图层上涂抹。其操作效果如图 4-5 所示。

图 4-5　使用历史记录画笔工具处理的图像

2. 历史记录艺术画笔工具

历史记录艺术画笔工具与历史记录画笔工具的功能类似，只是该工具在抹去当前图层中的图像的同时，在图像上替换上了所选定的艺术图案。

4.3　填充工具组(G)

1. 渐变工具

渐变工具可以创建多种颜色间的逐渐混合效果，可以从预设渐变填充中选取已有渐变，也可以创建自己定义的新的渐变，其属性栏如图 4-6 所示。

图 4-6　"渐变"工具属性栏

该工具栏各主要选项的含义如下。

（1）渐变颜色图标 ▮▮▮▮▮：单击之后弹出"渐变编辑器"对话框，可以选择预设或者手动设置。

（2）渐变样式图标 ▮▮▮▮▮：从左至右依次是线性渐变、径向渐变、射线渐变、对称渐变和菱形渐变。

（3）反向：选中该复选框后可以反转颜色。

（4）仿色：选中该复选框后可创建平滑的混合。

使用渐变工具可做的渐变效果之一如图 4-7 所示。

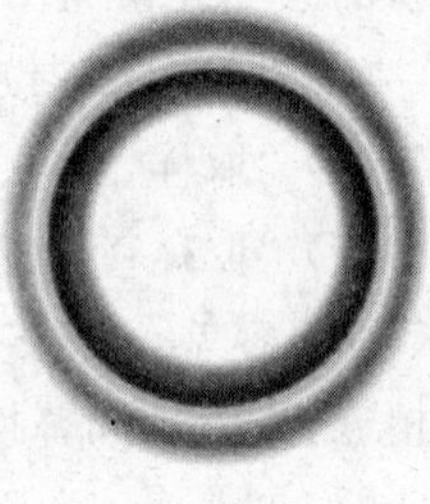

图 4-7　渐变效果

2. 油漆桶工具 🪣

油漆桶工具用于在事先选定的区域或者整个图层中快速地填充前景色或图案。此工具的基本操作方法是：选择油漆桶工具后，设置好前景色（或者选择某种图案），然后在要填充颜色或图案的图像区域中任一位置单击即可。使用油漆桶工具可在如图 4-8 所示素材图片中增加背景，效果如图 4-9 所示。

图 4-8　打开一张素材图片

图 4-9　用油漆桶工具填充前景色

4.4　图章工具组(S)

1. 仿制图章工具 🔖

仿制图章工具是从图像中取样，然后将样本复制到图像的其他位置，就是说使用仿制图章工具进行仿制的时候目标是什么样的图像，仿制过来的还是什么样的图像，不会有任何再次的修正。其属性栏如图 4-10 所示。

图 4-10　仿制图章工具属性栏

【学以致用】　仿制水滴效果

下面利用仿制图章工具的特点,来复制出树叶上水滴的效果。

(1) 启动 Photoshop CS3,打开一张含有水珠的树叶图片,如图 4-11 所示。

(2) 选取仿制图章工具,按住 Alt 键在水珠上单击,如图 4-12 所示。

图 4-11　绿叶素材　　　　　　　　　图 4-12　选择仿制目标

(3) 然后在复制的目标处单击即可完成复制。

(4) 保存图像至目标文件夹中,命名为"仿制水滴.psd",如图 4-13 所示。

也许有的人会问,使用修复画笔工具就可以完成所有的工作,还要这里的图章工具做什么呢? 其实相比修复画笔工具而言,对于一些最终效果不需要进行和周围环境相融合操作的图像,图章工具还是有一定的用途的,这一点大家细心比较便知。有关修复画笔工具的相关内容会在后面为大家介绍。

图 4-13　完成图案的复制

2. 图案图章工具

图案图章工具可以复制定义好的图案,它能在目标图像上连续绘制出选定区域的图像。图案图章工具效果如图 4-14 所示。

图 4-14　图案图章工具使用前后效果对比

4.5　擦除工具组(E)

1. 橡皮擦工具

使用橡皮擦工具可以擦除不同的图像区域。如果在背景图层或在透明像素被锁定的图层中编辑图像,那么所涂抹过的地方会使用背景色进行填充。

选择工具箱中的橡皮擦工具,其属性栏如图 4-15 所示。

图 4-15　橡皮擦工具属性栏

该工具属性栏各主要选项的含义如下。

(1)画笔:用于设置绘图时使用的画笔类型。

(2)模式:在该下拉列表框中提供了画笔、铅笔和块 3 种模式的画笔。

(3)不透明度:该数值框用于设置擦除笔刷的不透明度,当数值低于 100% 时,像素不会被完全擦除。

(4)抹到历史记录:选中该复选框,橡皮擦工具便具有了历史记录画笔工具的功能,能够有选择地恢复图像至某一历史记录状态,其操作方法与历史记录画笔工具相似。

2. 背景橡皮擦工具

使用背景橡皮擦工具可以擦除图像的背景,并将其抹成透明的区域,在抹除背景图像的同时保留对象的边缘,做一个简单的抠图处理。使用背景橡皮擦工具时,属性栏中的选项和颜色替换工具的选项是一样的,只不过这些选项是用来选择被擦除的颜色的范围,而在颜色替换工具中则是让选择被替换的颜色的区域的。在擦除图像时可以根据需要指定不同的取样和容差选项。使用背景橡皮擦工具处理的图像效果如图 4-16 所示。

图 4-16　使用背景橡皮擦工具处理的图像

3. 魔术橡皮擦工具

使用魔术橡皮擦工具在图像中单击,将会擦除图像中具有相同颜色的图像区域。如果在图像背景中或是在带锁定透明区域的图像中涂抹,像素会更改为背景色,否则像素会被涂抹为透明,其属性栏中的选项和魔棒工具的选项类似,如图 4-17 所示。

图 4-17　魔术橡皮擦工具属性栏

该工具栏的主要选项含义如下。

（1）连续：选中该复选框，可以擦除与单击处颜色相同或相近的取样点位置邻近的颜色。

（2）对所有图层取样：选中该复选框，可以对所有可见图层中的组合数据进行采集擦除色样。

（3）消除锯齿：选中该复选框，在擦除的时候可以对擦除的边缘锯齿部分进行平滑处理。

使用魔术橡皮擦工具处理的图像如图 4-18 所示。

图 4-18　使用魔术橡皮擦工具处理的图像

4.6　图像修复工具组(J)

1. 修复画笔工具

修复画笔工具的主要用途是将一部分图像使用画笔覆盖在另一部分图像上，从而形成修复图像瑕疵的效果。此工具和仿制图章工具一样，可以使用图像或图案中的样本像素来绘画。但修复画笔工具还可将样本像素的纹理、光照和阴影与源像素进行匹配，其属性栏如图 4-19 所示。

图 4-19　修复画笔工具属性栏

该工具栏的主要选项含义如下。

（1）画笔：可以对修复画笔进行笔头样式和大小的设置。

（2）模式：是在进行修复的时候它叠加上去的模式，类似于使用多张底片进行重复曝光的效果。模式不同曝光的方法也是不同的。

（3）取样：选中该单选按钮，可以取图像中某一部分覆盖在另外一部分上。

（4）图案：选中该单选按钮，右侧的图案选项被激活，此时可以从其下拉列表中选择其中的某一种图案，使用它来进行填充。使用图案进行填充时，它会自动将周围与图案进行颜色和边缘的融合。

（5）对齐：选中该复选框，可以帮助确定在进行取样的时候以何为依据进行位置对齐，分为绝对位置和相对位置。

（6）样本：在该下拉列表框中选择"所有图层"选项是说图像文件中的图层特别多的话，它会对图像中所有的图层叠加起来进行取样。

在该下拉列表框中选择"当前图层"选项是在现在所在的图层上进行取样，对其他的图层没有任何影响。

在该下拉列表框中选择"当前和下方图层"选项是指假如说图像文件有多个图层的话；当处于中间某一个图层时，取样则是针对这个图层以及它下方的图层进行取样，而对该图层上方的图层则不予理会。

2．污点修复画笔工具 ✐

污点修复画笔工具可以快速地去除照片中的污点和不理想的部分。此工具的工作方式与修复画笔工具类似，它的优点是不需要用户指定样本点，它会自动从所修饰区域的周围取样，其属性栏如图 4-20 所示。

图 4-20　污点修复画笔工具属性栏

该工具栏的主要选项含义如下。

属性栏中前面的选项和修复画笔工具类似，就不再重复。

后面的类型分为两种，一种是近似匹配，一种是创建纹理。

（1）近似匹配：是指画笔在进行单击或者拖动的时候，它会取画笔周围的像素作为参考点来修复画笔所指的内容。

（2）创建纹理：是指使用画笔在里面拖动的时候，它会以拖动的这个区域内的像素为准来制作出一个相似的纹理将斑点去除。

污点修复画笔工具处理的图像效果如图 4-21 所示。

图 4-21　使用污点修复画笔工具可将人物面部的污点清除干净

3. 修补工具

修补工具可以用其他区域的像素来修复选中的区域,作用与修复画笔工具相同。不同之处在于修补工具会将样本像素的纹理、光照和阴影与源像素匹配,其属性栏如图 4-22 所示。

图 4-22 修复画笔工具属性栏

4. 红眼工具

红眼工具主要是针对使用相机在比较暗的环境中,借助闪光灯拍摄的情况下,人物或动物的眼睛在这一瞬间会产生的红眼现象,也可以移除在使用闪光灯拍摄照片时所产生的白色或绿色反光。

该工具属性栏的主要选项含义如下。

(1) 瞳孔大小:是指在去除红眼之后留下的瞳孔的大小。

(2) 变暗量:是指在对红眼去除之后,图像的变暗程度。

选择该工具,设置好选项之后,直接在眼睛处单击,即可完成修补。

4.7 图像修饰工具组

1. 模糊、涂抹和锐化工具(R)

1) 模糊工具

使用模糊工具可以将图像变得模糊,而未被模糊的图像则显得更加突出、清晰。用模糊工具可以在特定的情况下做出特殊的处理。其工具属性栏如图 4-23 所示。

图 4-23 模糊工具属性栏

该工具栏主要选项的含义如下。

(1) 画笔:用于选择合适的画笔,画笔越大,模糊影响的范围越大。

(2) 模式:它的设置同图层的混合模式一样。

(3) 强度:用于控制模糊的强度。

使用模糊工具可以使清晰的局部更突出,如图 4-24 所示。

2) 锐化工具

锐化工具的作用与模糊工具的作用刚好相反,可用于锐化图像的部分像素,使被操作区域的图像更加清晰。但是锐化工具并不能将模糊工具模糊后的图像部分完全还原成原始的状态,它只能对图像边缘的对比进行强化。但是如果锐化工具使用的太过,图像的细节就会被损失掉,这是锐化工具的一个缺点。其属性栏的操作也与模糊工具的一样。

3) 涂抹工具

涂抹工具的作用是混合颜色。就像在真实的画布上使用颜色,在颜色还没有完全干

图 4-24　使用模糊工具可以使清晰的局部更突出

掉的时候,使用手指或画笔将颜色进行涂抹的效果。选择涂抹工具后,从单击处的画面颜色开始,将与鼠标所经过的其他颜色混合。除了混合颜色之外,涂抹工具还可用来在图像中制作类似于水彩的效果(如图 4-25 所示)。

图 4-25　使用涂抹工具前后的效果对比

2. 减淡、加深和海绵工具(O)

1) 减淡工具🔍

减淡工具用于加亮图像的局部以达到将画面颜色减淡的效果,也可通过将图像或选区的亮度提高来校正曝光,其属性栏如图 4-26。

图 4-26　减淡工具属性栏

该工具属性栏主要选项的含义如下。

(1) 范围:"阴影"表示只能更改图像中暗部区域的像素;"中间调"表示只能更改图像中颜色对应灰度为中间范围的部分像素;"高光"表示只能更改图像中亮部区域的像素。

(2) 曝光度:用于设置减淡工具的曝光量,取值范围为 1%～100%。

(3) 喷枪:单击该按钮将使用喷枪效果进行绘制。

使用减淡工具可以做出的特殊效果如图 4-27 所示。

图 4-27　使用减淡工具可以做出的效果

2）加深工具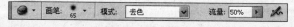

加深工具通过增加曝光度来降低图像中某个区域的亮度，以达到画面颜色加深的效果。该工具设置及使用与减淡工具相同，在此不再赘述。使用加深工具可将如图 4-28 所示的素材图片中的局部颜色加深，前后效果对比如图 4-29 所示。

图 4-28　素材图片

图 4-29　局部使用加深工具后的效果对比

3）海绵工具

使用海绵工具可以精确地更改图像区域的色彩饱和度，可以对图像进行去色或者加色处理。海绵工具属性栏如图 4-30 所示。

图 4-30　海绵工具属性栏

该工具栏的"去色"模式可以减弱颜色的饱和度，"加色"模式可以增加颜色的饱和度。使用海绵工具的前后效果如图 4-31 所示。

图 4-31　海绵工具使用前后效果对比

4.8　切片工具组(K)

　　切片工具组包含切片工具 ✂ 和切片选择工具 ✂，切片工具主要用于分割图像，切片选择工具主要用于编辑切片。

　　打开一张素材图片，可以用切片工具创建几块切片，如图 4-32 所示。

图 4-32　创建切片

　　选择切片选择工具，可以对已创建的切片进行编辑。

　　创建好切片的图片可以保存为 GIF 格式，用于网页制作非常方便。

4.9　注释工具组(N)

　　注释工具组包含附注工具 ▤ 和语音批注工具 ◁)) 两种，将其作为图像的说明，起到提示作用（如图 4-33 所示）。

　　其操作方法是选择工具，然后在图像区域单击，便会弹出文字输入窗口或语音录音窗口。输入完毕后，直接单击右上角的按钮即可保存。在图标上右击，在弹出的快捷菜单中选择"删除注释"命令可以清除已有注释。

图 4-33　语音注释和附注图标

4.10　吸管工具组(I)

1. 吸管工具 ✐

吸管工具的功能是从图像中获取颜色。例如：要修补图像中某个区域的颜色，通常要从该区域附近找出相近的颜色，然后再用该颜色处理需要修补处。

选择吸管工具后，属性栏如图 4-34 所示。

其主要选项的含义如下。

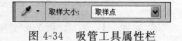

图 4-34　吸管工具属性栏

（1）取样点：系统默认设置，表示选取颜色精确至 1 个像素，单击位置的像素颜色即可被设定为当前选取的颜色，该颜色同时将会自动被设定为前景色；

（2）3×3：表示以 3×3 像素的平均值来确定选取的颜色。

其他的参数与此类似，这里不再赘述。

2. 颜色取样器工具 ✐

选择颜色取样器工具，可以同时吸取 4 种颜色，并可以分别存储起来，操作方法如下。

选择颜色取样器工具后，在图像上依次单击 4 次，系统会把这 4 种颜色记录在"信息"面板上面，可以在"信息"面板上查看其颜色数值，以达到选取颜色的功能，如图 4-35 所示。

※经验提示※

在使用吸管及颜色取样器工具时，单击颜色的同时按住 Ctrl 键，则工具栏中的背景色随之改变。

3. 标尺工具 ✐

标尺工具用于测量图像中两点之间的实际距离。操作方法是选择工具后，在图像中

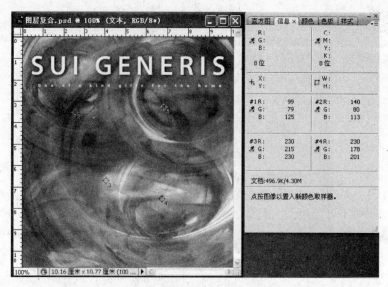

图 4-35　颜色取样器工具的使用

拖动,通过单击产生起点和终点,然后在属性栏中查看其数值,如图 4-36 所示。

图 4-36　标尺工具属性栏

该属性栏各主要选项的含义如下。

(1) X/Y:表示标尺起点的坐标。

(2) W/H:表示标尺的宽度和高度。

(3) A:表示标尺的倾斜角度。

(4) L1:表示鼠标的动态坐标值。

使用标尺工具所做的效果如图 4-37 所示。

图 4-37　标尺工具

4. 计数工具 ₁2³

计数工具主要起到标示作用，没有实际意义。操作方法是选择工具后，在图像区域单击，系统会根据单击的次数显示数字，其属性栏如图 4-38 所示，应用效果如图 4-39所示。

图 4-38　计数工具属性栏

图 4-39　计数工具应用效果

4.11　温故知新

1. 填空

（1）使用画笔工具可以在图像中绘制＿＿＿＿＿＿＿，也可以创建柔和的＿＿＿＿＿＿＿。

（2）使用＿＿＿＿＿＿＿工具可以将当前图层中的画面还原到之前所做的效果。

（3）使用＿＿＿＿＿＿＿工具可以复制、修复图像，并使得复制的图像与源像素进行匹配。

2. 选择

（1）关于渐变工具所包括的渐变类型，下列说法不正确的是＿＿＿＿＿＿＿。

　　　A. 线性渐变、径向渐变　　　　　　B. 径向渐变、菱形渐变

　　　C. 角度渐变、对称渐变　　　　　　D. 对称渐变、放射渐变

（2）使用背景橡皮擦工具擦除图像后，其背景色将变为＿＿＿＿＿＿＿。

　　　A. 透明色　　　　　　　　　　　　B. 白色

　　　C. 工具箱中的背景色　　　　　　　D. 工具箱中的前景色

（3）可以精确地更改图像区域的色彩饱和度，也可以对图像进行去色或加色处理的工具是＿＿＿＿＿＿＿。

　　　A. 锐化工具　　　　　　　　　　　B. 修复画笔工具

　　　　C. 海绵工具　　　　　　　　　　D. 颜色替换工具

3. 简答

（1）可以用于图像修复的工具有哪些，它们各有哪些特点？

（2）擦除工具有哪几种类型，它们的作用分别是什么？

4. 操作

利用相关工具制作装饰画一张，大小、颜色及内容不限。要求：熟练使用本章所讲工具反复练习，举一反三，逐步掌握其应用方法，尝试制作各种画面效果。注意各工具相关快捷操作的使用。

第 5 章
Photoshop 文字编辑

本章学习重点：

- 掌握输入不同类型文字的方法；
- 掌握编辑文本的相关操作；
- 掌握文字特效的制作技巧。

文字编辑是 Photoshop CS3 中的主要功能之一，能够娴熟地运用文字和制作文字效果是非常重要的。

5.1 文字的输入

文字是一幅作品中非常重要的组成部分，它是设计中的灵魂。

Photoshop CS3 也具有非常强大的文字处理功能，配合图层、通道与滤镜等功能，可以制作出精美的艺术效果。

1. 输入水平文字

输入水平文字的方法很简单，可以使用工具箱中的横排文字工具 **T** 或横排文字蒙版工具 ，在需要输入文字的地方单击确定插入点，此时，图像上会出现闪烁的光标，输入完毕后，可以用以下 3 种方法确认。

（1）按 Ctrl＋Enter 组合键。

（2）按小键盘上的 Enter 键。

（3）单击工具属性栏上的 ✔ 图标。

【学以致用】 在图像中输入文字

（1）启动 Photoshop CS3，打开一张万里长城的图片，如图 5-1 所示。

（2）选择工具箱中的文字工具，或者直接按 T 键，在图像中单击，可以看到闪烁的文字光标，输入文字"祖国的骄傲——万里长城！"，字体为大黑。效果如图 5-2 所示。

（3）按 Ctrl＋Enter 组合键提交文字，双击文字层，弹出"图层样式"对话框，在左侧的"样式"列表框中选择"投影"选项，在右侧的"投影"选项区域中设置"距离"为 9，"大小"为9；在左侧的"样式"列表框中选择"渐变叠加"选项，在右侧的"渐变叠加"选项区域中设置"颜色"为深蓝色至浅蓝色；在左侧的"样式"列表框中选择"描边"选项，在右侧的"描边"选项区域中设置"大小"为 3 像素，"颜色"为浅蓝色，如图 5-3 所示。

图 5-1　万里长城素材

图 5-2　输入文字

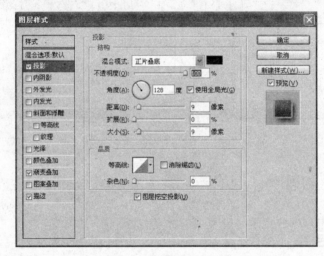

图 5-3　"图层样式"对话框

（4）单击"确定"按钮，效果如图 5-4 所示。

（5）保存文件至目标文件夹，命名为"文字特效.psd"。

2. 输入垂直文字

输入垂直文字的步骤与水平文字类似，可用直排文字工具 IT 和直排文字蒙版工具 IT，在此不再重述。文字效果如图 5-5 所示。

图 5-4　文字效果

图 5-5　垂直文字效果

3. 输入段落文字

段落文字针对成段文字而言,可将文字基于一定界限范围之内,可以输入多个段落,也可进行相应的段落调整,可以设置段间距、首行缩进等段落参数。

【学以致用】　输入段落文字

(1)启动 Photoshop CS3,打开一张信纸图片,如图 5-6 所示。

(2)选择文字工具,在图像中纸格的位置拖动出一个文字输入框,如图 5-7 所示。

(3)输入文字,或者复制其他位置的文字至此皆可,输入完毕后,直接按 Ctrl＋Enter 组合键。效果如图 5-8 所示。

图 5-6　段落文字背景

图 5-7　段落文字输入框

图 5-8　确认段落文字正文

(4)设置好颜色为暗灰色,字体为舒体,不要设置图层样式。

(5)完成之后保存文件至目标文件夹,命名为"段落文字.psd"。

5.2　文字的编辑

在 Photoshop CS3 中可以对已经输入的文字进行多次的编辑,如选中文字、删改文字内容、更改文字大小、替换文字颜色、转换文字等。

1. 选中文字

对文字的编辑首先要选定文字,Photoshop CS3 提供了以下几种选定文字的方法:

(1)双击:在编辑窗口中单击文字,进入文字编辑状态,然后双击,即可选中所有输入的文字。

(2)缩览图:双击"图层"面板中的当前文字图层缩览图,也可以选择文字。

(3)拖动:在文字编辑状态下,拖动即可选择所需文字。

(4)快捷键 1:在文字编辑状态下,按住 Shift 键的同时,按方向键,即可选中鼠标所在位置左右相邻的文本。

(5)快捷键 2:在文字编辑状态下,按 Ctrl＋A 组合键,即可选择全部文本。

2. 水平与垂直文字的转换

Photoshop CS3 中文字排列方式有水平和垂直两种，这两种方式之间可以互相转换。

水平文字和垂直文字之间的转换有以下 3 种方法：

（1）按钮：单击文字工具属性栏中的更改文字方向按钮 ，可以将文字在水平和垂直之间转换。

（2）命令：选择"图层"→"文字"→"水平"或"垂直"命令，可以将文字转换成相应的排列方式。

（3）快捷菜单：在"图层"面板的当前文字图层中单击，在弹出的快捷菜单选择"水平"或"垂直"命令，即可相互转换。

文字的水平排列如图 5-9 所示，垂直排列如图 5-10 所示。

图 5-9　文本的水平排列　　　　　　　　图 5-10　文本的垂直排列

3. 文本的查找和替换

在图像中输入大量的文字后，如果多处出现了相同的错误，则可使用 Photoshop CS3 的查找和替换功能对文字进行修改。

【学以致用】　文字的查找与替换

（1）启动 Photoshop CS3，打开上次编辑的文件"段落文字.psd"，如图 5-11 所示。

（2）选择"编辑"→"查找和替换文本"命令，弹出"查找和替换文本"对话框，在"查找内容"文本框中输入"联系"，在"更改为"文本框中输入"见面"，如图 5-12 所示。

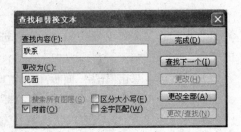

图 5-11　素材图片　　　　　　　　图 5-12　"查找和替换文本"对话框

（3）单击该对话框中的"更改全部"按钮，将会弹出一个查找和替换完毕的提示信息框，如图 5-13 所示。

（4）单击该对话中的"确定"按钮，完成图像中的文本替换操作，如图 5-14 所示。

图 5-13　"查找和替换文本"信息框　　　　　图 5-14　文本替换后的效果

（5）完成之后保存文件至目标文件夹，命名为"查找替换文字.psd"。

5.3　设置文字的属性

除了以上的基本操作之外，还可以设置文字的其他属性，如字体、字号、字形等参数。

1. 文字工具属性栏

启用文字工具进行输入文字时，其工具属性栏如图 5-15 所示。

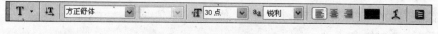

图 5-15　文字工具属性栏

该工具栏主要选项的含义如下。

（1）更改文字方向按钮：单击该按钮，可以将当前文字在水平和垂直排列之间相互转换。

（2）设置字体系列下拉列表框：可以设置字体，如图 5-16 所示。

图 5-16　不同字体的文字

（3）设置字体大小下拉列表框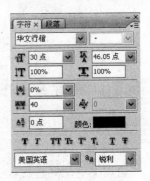：设置适合的文字大小，也可以在其中输入文字的大小。

（4）设置消除锯齿下拉列表框：该下拉列表框中包含5种文字边缘平滑的方式，分别是无、锐利、犀利、浑厚和平滑。

（5）对齐方式：可以设置文字的对齐方式，分别是左对齐、居中对齐和右对齐。

（6）设置文本颜色色块：单击该色块，则会弹出"拾色器"对话框，从中可以设置当前文字的颜色。

（7）创建文字变形按钮：单击该按钮，则会弹出"变形文字"对话框，这些会在后面的章节具体讲到。

（8）显示/隐藏字符和段落面板：单击该按钮，可弹出"字符和段落"面板。

2."字符"面板

单击文字工具属性栏中的显示/隐藏字符和段落面板按钮，或者选择"窗口"→"字符"命令，则会弹出"字符"面板，如图5-17所示。

该面板中主要选项的含义如下。

（1）设置字体：在该下拉列表框中选择合适的字体。

（2）设置字号：设置文字的大小。

（3）设置行距：设置文字行与行之间的距离。在该下拉列表框中输入数值或选择一个数值皆可，数值越大，行距越大，如图5-18所示。

图5-17　"字符"面板

图5-18　设置不同行距的文字效果

（4）垂直缩放数值框：用于设置所选文字的垂直缩放比例，如图5-19所示。

（5）设置所选字符的字距调整下拉列表框：用于设置所选字符与字符之间的距离，数值越大，字符间距越大，如图5-20所示。

（6）颜色色块：单击色块，弹出拾色器，设置文字的颜色。

（7）仿粗体：单击该按钮，可以将当前的文字呈加粗显示。

数值为100%的效果　　　　　　　数值为180%的效果

图 5-19　设置不同垂直缩放的文字效果

图 5-20　设置不同字符间距的文字效果

（8）仿斜体 $\boxed{T}$：单击该按钮，可以将当前的文字呈倾斜显示。

（9）全部大写字母 $\boxed{TT}$：单击该按钮，可以将当前的小写字母转换为大写字母。

（10）全部小写字母 $\boxed{Tr}$：单击该按钮，可以将当前的大写字母转换为小写字母。

（11）上标 $\boxed{T}$：单击该按钮，可以将当前的文字转换为上标。

（12）下标 $\boxed{T_1}$：单击该按钮，可以将当前的文字转换为下标。

（13）下画线 $\boxed{T}$：单击该按钮，可以将当前选择的文字添加下画线。

（14）删除线 $\boxed{T}$：单击该按钮，可以将当前选择的文字添加删除线。

3．"段落"面板

单击文字工具属性栏中的显示/隐藏字符和段落面板按钮，则会弹出"段落"面板，如图 5-21 所示。

该面板中主要选项的含义如下。

（1）文本对齐方式 ：文本对齐方式从左至右分别为左对齐文本、居中对齐、右对齐、最后一行左对齐、最后一行居中对齐、最后一行右对齐和全部对齐。

（2）左缩进 0点：设置段落自左向右缩进的距离。

（3）右缩进 0点：设置段落自右向左缩进的距离。

图 5-21　"段落"面板

（4）首行缩进 ![]：设置段落文字的每个段落第一行的缩进，一般设置为缩进两个汉字的距离，具体数值根据实际情况而定。

（5）段前/后距 ![]：设置每一个段落的段前和段后的距离，如图 5-22 所示。

原始文本　　　　　　　　　　　　　　　效果文本

图 5-22　设置了"首行缩进"和"段前距"效果的对比

5.4　文字的特效

在一些广告、海报和宣传单上经常会看到一些特殊效果的文字，既新颖又具有很好的视觉效果，这些效果在 Photoshop CS3 中很容易实现。

1. 区域文字

在 Photoshop CS3 中，可以在不规则的区域内输入文字，文字会受到不规则图形的限制和阻碍。

【学以致用】 区域文字效果

（1）启动 Photoshop CS3，打开一张图片，如图 5-23 所示。

（2）选择椭圆路径工具，在图像上拖动出一个椭圆路径，如图 5-24 所示。

图 5-23　图像素材　　　　　　　　　　图 5-24　绘制椭圆路径

（3）选择文字工具，把鼠标移至路径上，当指针变成 I 图标时，单击，路径上将出现闪烁的插入光标，如图 5-25 所示。

（4）输入或粘贴文本内容，按 Ctrl＋Enter 组合键确认，效果如图 5-26 所示。

图 5-25　确定文本插入位置

图 5-26　文本区域效果

（5）完成之后保存文件至目标文件夹，命名为"区域文字.psd"。

2. 路径文字

可以用钢笔工具画一条不规则的曲线，然后把文字沿着这条路径输入，这种不规则的文字输入在设计中时常用到。

【学以致用】　路径文字效果

（1）启动 Photoshop CS3，打开一张素材图片，如图 5-27 所示。

（2）选择钢笔工具，单击属性栏中的"路径"按钮，在图像中绘制一条开放路径，如图 5-28 所示。

图 5-27　素材图片

图 5-28　绘制路径

　　（3）选择工具箱中的横排文字工具，设置字体为中倩体；颜色为红色，把鼠标指针移到路径开端处，此时指针会变成⚡，单击确认插入点，将出现一个闪烁的光标，如图 5-29 所示。

　　（4）输入文本"生命在于运动，让我们有一个健康的身体！"，按 Ctrl＋Enter 组合键确认，效果如图 5-30 所示。

图 5-29　确认光标的位置　　　　　　　　图 5-30　路径文字最终效果

　　（5）完成之后保存文件至目标文件夹，命名为"路径文字.psd"。

3. 变形文字

Photoshop CS3 具有变形文字的功能，变形后的文字仍然可以编辑。

使用变形文字有以下 3 种方法。

　　（1）快捷菜单：在"图层"面板的当前文字图层上右击，在弹出的快捷菜单中选择"文字变形"命令。

　　（2）命令：选择"图层"→"文字"→"文字变形"命令。

　　（3）按钮：单击工具属性栏中的"创建文字变形"按钮。

　　执行以上 3 种方式中的任意一种，将弹出"变形文字"对话框，如图 5-31 所示。

该对话框的主要选项的含义如下。

　　（1）样式：该下拉列表框中提供了 15 种不同的文字变形样式效果。

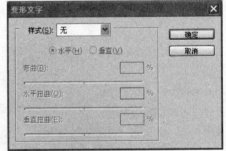

图 5-31　"变形文字"对话框

　　（2）水平/垂直：选中"水平"单选按钮，可以使文字在水平方向上发生变形，选中"垂直"单选按钮，可以使文字在垂直方向上发生变形。

　　（3）弯曲：拖动滑块或在数值框中输入数值，可确定文字弯曲变形的程度，其取值范围为－100～100。

部分文字样式变形的效果如图 5-32 所示。

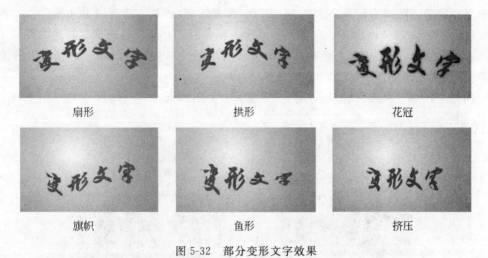

扇形　　　　　　　　　拱形　　　　　　　　　花冠

旗帜　　　　　　　　　鱼形　　　　　　　　　挤压

图 5-32　部分变形文字效果

5.5　文字的转换

在 Photoshop CS3 中,可以将文字转换为选区,也可以将文字转换为路径,之后仍然可以像编辑普通路径一样编辑文字,也可对文字进行变形处理。

1. 将文字转换为选区

将文字转换为选区有以下两种方法。

(1) 文字蒙版工具:选择工具箱中的竖排文字蒙版工具,输入文字"美不胜收",按 Ctrl＋Enter 组合键,即可将文字转换为选区,如图 5-33 所示。

图 5-33　使用文字蒙版工具输入文字

(2) 快捷键:按住 Ctrl 键的同时,单击普通文字层,也可以把文字变为选区。

2. 将文字转换为路径

可以将输入的文字转换为路径,用于"路径"编辑,其转换方法有以下几种。

(1)命令:选择"图层"→"文字"→"创建工作路径"命令,即可将文字转换为路径。

(2)快捷菜单:在"图层"面板中选择要转换为路径的文字图层,右击,在弹出的快捷菜单中选择"创建工作路径"命令。

用以上任意一种方法,都可以将文字转换为路径,如图 5-34 所示。

图 5-34　文字转换为路径

3. 将文字图层转换为普通图层

文字图层与普通图层最大的区别在于,文字图层可以用来编辑文本内容,而普通图层的编辑对象是像素。有时候需要对文字做某些特效处理,则必须把文字图层转换为普通图层。其方法有以下几种。

(1)选择"图层"→"栅格化"→"文字"命令,效果如图 5-35 所示。

图 5-35　文字图层和普通层的外观区别

(2)快捷菜单:在"图层"面板中选择该文本层,右击,在弹出的快捷菜单中选择"栅格化文字"命令。

5.6 温故知新

1. 填空

(1) 文字输入完成后,可以用来表示确认的方法有 _____、_____、_____。

(2) 要想对文字进行某些特效的处理,则必须将输入完成的文字 _____。

(3) 要想对正常输入的常规字体进行造型上的特殊变化,则必须将输入完成的文字 _____。

2. 选择

(1) 下列选项中,不属于文字基本属性调整的是 _____。

    A. 字体   B. 字号   C. 颜色   D. 蒙版

(2) "字符"面板中, **IT** 100% 图标可以用来设置 _____。

    A. 字符间距   B. 垂直缩放   C. 字号   D. 行距

(3) 将文字转换为选区,可在使用文字蒙版工具输入文字后,按快捷键 _____。

    A. Ctrl+Enter   B. Shift+Enter   C. Alt+Enter   D. Ctrl+E

3. 简答

(1) 如何制作区域文字、路径文字?

(2) 若要将输入好的文字分别转化为选区、路径和形状,各有哪些方法?

4. 操作

利用本章所讲文字相关内容,制作图像填充文字效果。注意文字选区的载入及相关快捷操作的熟练使用。

第 6 章
Photoshop 图层的应用

本章学习重点：
- 了解图层的概念；
- 掌握图层的基本操作；
- 掌握图层的图层样式的效果及应用。

6.1　图层

"图层"顾名思义就是图像的层次。Photoshop 可以将图层想成是一张张透明的幻灯片，每张幻灯片上面都有图像元素，没有图像元素的地方就是透明的。那么，若干张幻灯片重叠自下而上摆放在一起，就形成了一张完整的图像。

使用图层最大的优点就是可以非常方便地独立地对图像中某个或某些图层进行编辑和修改，而不至于影响到其他图层中的图像元素。比如移动、复制、删除、新建和合并图层等。

6.2　图层的类型

在 Photoshop CS3 中，不同的图像会用不同的图层来显示，其编辑的属性也各不相同。

1. 背景图层

在 Photoshop CS3 中新建文件时，"图层"面板中会默认产生一个背景图层（如图 6-1 所示），该层是一个不透明的图层，默认情况下处于锁定状态。

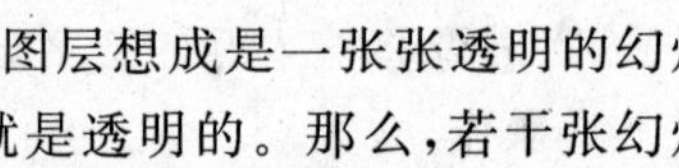

将背景图层转换为普通图层有以下 5 种方法。

（1）快捷键：按住 Alt 键的同时，双击"图层"面板中的背景图层。

（2）双击：双击"图层"面板中的背景图层，弹出"新建图层"对话框，在对话框中输入新图层的名称，单击"确定"按钮。

图 6-1　背景图层

（3）工具：选择工具箱中的背景橡皮擦工具或魔术橡皮擦工具，在背景层上面进行擦除。

（4）命令：选择"图层"→"新建"→"背景图层"命令，即可将背景图层转换为普通图层。

（5）快捷菜单：在"图层"面板中的背景图层上右击，在弹出的快捷菜单中选择"背景图层"命令。

2. 普通图层

普通图层（如图 6-2 所示）是一种最常见的图层，特点是完全透明，可以进行各种图像的编辑。

3. 文本图层

文本图层（如图 6-3 所示）是一种比较特殊的图层，它是用于编辑文本的专用图层，在此种类型图层上只能完成有关文本的基本操作，比如修改文本内容、调整文字大小、调整文字颜色等，且不能使用"滤镜"菜单。

图 6-2　普通图层

图 6-3　文本图层

如果需要对该图层中的文字做特殊效果的处理，那么可以将文本图层转换为普通图层。其方法是：在文本图层上右击，在弹出的快捷菜单中选择"栅格化文本"命令即可。

※经验提示※

当把文字图层转换成普通图层之后，文字图层中的文字字体将不可修改，也就意味着图层当中的文本已不再具有文字属性。

4. 形状图层

形状图层（如图 6-4 所示）是使用工具箱中的形状工具或使用钢笔工具并在工具属性栏中单击了"形状图层"的按钮时所创建的图层。

也可以将形状图层转换为普通图层：在形状图层上右击，在弹出的快捷菜单中选择"栅格化图层"命令即可。

图 6-4　形状图层

5. 填充图层

填充图层（如图 6-5 所示）可以用纯色、渐变或图案等填充。这种图层结合蒙版功能可以产生特殊的效果，但它与调整图层不同，填充图层不影响其下方的图层。

6. 蒙版图层

使用蒙版（如图 6-6 所示）可显示或隐藏图层的部分图像，或保护区域以免被编辑。

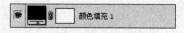

图 6-5　填充图层

图 6-6　蒙版图层

创建蒙版有以下两种方法。

（1）按钮：单击"图层"面板底部的"添加图层蒙版"按钮。

（2）命令：选择"图层"→"图层蒙版"子菜单中的命令，即可在"图层"面板中为当前图层创建一个蒙版图层。

6.3　图层面板

"图层"面板是 Photoshop CS3 中对图层操作必不可少的工具，主要显示图层信息，通过"图层"面板，可以一目了然地掌握图层的操作状态。

打开"图层"面板有以下两种方法。

（1）命令：选择"窗口"→"图层"命令。

（2）快捷键：按 F7 键。

使用以上任意一种方法，均可弹出"图层"面板，如图 6-7 所示。

该面板各主要选项的含义如下。

（1）指示图层可视性 👁 ：表示相应图层上的图像是可见的，单击后隐藏该图层上的所有图像。

（2）链接图层 ⌗ ：链接选中的若干图层，使图层之间的图像元素具有链接关系，方便同时操作，如移动等。

（3）添加图层样式 *fx.*：单击该按钮，将展开图层效果菜单。

图 6-7　"图层"面板

（4）添加图层蒙版 ◻ ：可以为图层添加蒙版。

（5）创建新的填充或调整图层 ◐. ：单击该按钮，在弹出的下拉菜单中可以选择调整图层的类型。

（6）创建新组 ▢ ：可以为图层添加图层组，用于图层管理。

（7）创建新图层 ▣ ：可以创建一个新的普通图层。若将已有图层拖动到该按钮上释放，也可以起到复制图层的作用。

（8）删除图层 🗑 ：可以删除当前操作的图层。

（9）锁定透明图像 ▨ ：锁定透明区域，操作时只针对非透明区域。

（10）"锁定图像区域" ✎ ：锁定像素，防止使用绘画工具修改图层的像素。

（11）"锁定位置" ✛ ：锁定时表示防止图层的像素被移动。

（12）"锁定全部" 🔒 ：将前面的 3 个属性全部锁定。

6.4　图层的基本操作

图层的基本操作包括新建、移动、选择、复制、删除，以及重命名操作。

1. 新建图层

新建普通图层有以下 4 种方法。

（1）命令：选择"图层"→"新建"→"图层"命令，弹出"新建图层"对话框，如图 6-8 所示。

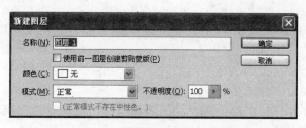

图 6-8 "新建图层"对话框

（2）快捷菜单：单击"图层"面板右上角的面板控制按钮，在弹出的面板菜单中选择"新建图层"命令。

（3）快捷键＋按钮：按住 Alt 键，单击"图层"面板底部的"创建新图层"按钮。

（4）按钮：单击"图层"面板底部的"创建新图层"按钮。

2. 移动图层

移动图层的实质是改变不同图层中图像元素的叠放秩序，这是在编辑图像经常使用的操作。

移动图层或移动图层中图像元素的方法有以下 4 种。

（1）工具：选择工具箱中的移动工具，在图像窗口中拖动某个被选定图层上的对象。

（2）方向键：将目标图层被选择为当前图层的前提下，按键盘上的四个方向键进行移动。

（3）快捷键＋方向键：按住 Shift 键的同时，按方向键，每按一次，可以将像素移动 10 像素。

（4）拖动：在"图层"面板中选择需要移动的图层，在面板中各图层间上下拖动。

3. 选择图层

选择单个图层有以下两种方法。

（1）鼠标：单击"图层"面板中的图层，即可使其处于选择状态，处于选择状态的图层以蓝色显示，如图 6-9 所示。

（2）快捷菜单：选择工具箱中的移动工具，在图像窗口需选择的图层上右击，在弹出的快捷菜单中选择所需的图层名称即可。

选择多个图层有以下 5 种方法。

（1）快捷键＋鼠标 1：要选择多个连续的图层，可以选择第一图层，然后按住 Shift 键单击最后一个图层，即可选择多个连续的图层。

（2）快捷键＋鼠标 2：要选择多个非连续的图层，可以按住 Ctrl 键依次单击所需选择的图层。

（3）命令 1：要选择所有的图层，可以选择"选择"→"所有图层"命令。

图 6-9 选择图层

（4）命令2：要选择类型相似的所有图层，可以选择"选择"→"相似图层"命令。

（5）快捷键：按 Ctrl＋Alt＋A 组合键，即可选择所有图层。

4．复制图层

复制图层也是 Photoshop CS3 中最常用的操作之一，常见的复制图层的方法有以下几种。

（1）按钮：选择需要复制的图层，将其拖动到"图层"面板底部的"创建新图层"按钮上，即可复制该图层。

（2）命令1：在"图层"面板中选择好需要复制的图层，选择"图层"→"复制图层"命令，弹出"复制图层"对话框，如图 6-10 所示。

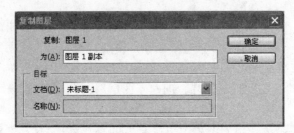

图 6-10　"复制图层"对话框

（3）命令2：选择"图层"→"新建"→"通过拷贝的图层"命令。

5．删除图层

在一个多图层的图像文件中，将不再需要的图层删除可以减小文件大小。

Photoshop CS3 删除图层有以下几种方法。

（1）命令：在"图层"面板中选择需要删除的图层，选择"图层"→"删除"→"图层"命令，将弹出一个提示信息框，单击"是"按钮即可删除。

（2）面板菜单：单击"图层"面板右上角的面板控制按钮，在弹出的菜单中选择"删除图层"命令。

（3）按钮：选择需要删除的图层，单击"图层"面板底部的"删除图层"按钮。

（4）拖动：把需要删除的图层拖动到"图层"面板底部的"删除图层"按钮上。

6．重命名图层

在编辑图层的大多数时候，需要重命名图层，以方便在众多图层中快速寻找到想要编辑的图层。在 Photoshop CS3 中重命名图层有以下几种方法。

（1）双击：双击"图层"面板中某一图层的名称，即文字部分，会出现一个蓝色的文本框，输入图层名称即可。

（2）命令：选择"图层"→"图层属性"命令，弹出"图层属性"对话框，如图 6-11 所示。

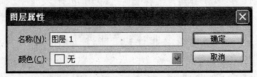

图 6-11　"图层属性"对话框

6.5 图层的高级操作

图层的高级操作主要包括调整图层的顺序、链接和合并等。

1. 调整图层顺序

在 Photoshop CS3 中，调整图层顺序有以下几种方法。

1) 使用命令调整图层的顺序

（1）选择"图层"→"排列"→"置为顶层"命令，可将当前图层放置在所有图层的最上面。

（2）选择"图层"→"排列"→"前移一层"命令，可将当前图层上移一层。

（3）选择"图层"→"排列"→"后移一层"命令，可将当前图层下移一层。

（4）选择"图层"→"排列"→"置为底层"命令，可将当前图层放置在所有图层的最下面。

2) 使用快捷键调整图层的顺序

（1）按 Ctrl＋]组合键，可将当前图层上移一层。

（2）按 Shift＋Ctrl＋]组合键，可将当前图层置为最顶层。

（3）按 Ctrl＋[组合键，可将当前图层下移一层。

（4）按 Shift＋Ctrl＋[组合键，可将当前图层置为最底层。

3) 使用鼠标调整图层的顺序

在"图层"面板中选择要移动的图层，直接将其拖动到图层的上下某一位置即可。

2. 链接图层

Photoshop CS3 中允许将多个图层链接在一起，这样就可以作为一个整体进行移动、变换等操作。

链接图层的方法如下。

按钮：选中需要链接的图层，单击"图层"面板底部的"链接图层"按钮，此时，被链接的图层上将显示一个链接图标，如图 6-12 所示。

3. 合并图层

在处理图像时，有时需要把内容相同的图层进行合并，以减小磁盘占用空间。合并图层后，图层的像素重叠部分会以上层图像的像素为准。

合并图层有以下几种方法。

1) 使用命令合并图层

（1）选择"图层"→"向下合并"命令，可以将当前层与下一层进行合并。

图 6-12　图层链接

（2）选择"图层"→"合并可见图层"命令，可以将所有显示的图层合并。

（3）选择"图层"→"拼合图层"命令，可以将所有的图层合并，对于图层面板中有隐藏的图层存在时，将弹出提示信息询问"是否删除隐藏图层"。

2）使用快捷菜单合并图层

（1）按 Ctrl＋E 组合键：可以将当前层与其下一层进行合并，即执行"向下合并"的命令。

（2）按 Ctrl＋Shift＋E 组合键：可以合并所有的图层，即执行"拼合图层"的命令。

6.6　图层样式

Photoshop CS3 中的图层样式是一个非常实用的功能，可以改变图层中图像元素的外观，达到很好的效果。

双击"图层"面板上的某一图层即可打开"图层样式"对话框，如图 6-13 所示。

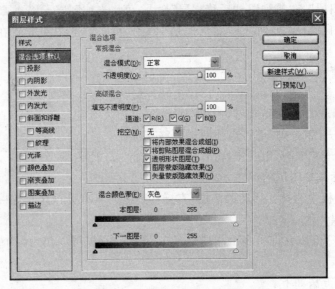

图 6-13　"图层样式"对话框

下面来学习其中主要的几种图层样式。

1. "投影"样式

"投影"样式可以使图像生成投影，从而产生立体效果，投影样式对话框如图 6-14 所示。

该对话框主要选项的含义如下。

（1）不透明度：用于设置阴影的不透明程度。

（2）角度：用于设置阴影的角度，阴影的位置会随之改变。

（3）距离：用于设置阴影与图像的偏移距离。

（4）扩展：用于设置阴影的柔和效果和被扩展的程度，其数值越大，投影范围越大。

（5）大小：用于设置阴影的大小。其数值越大，投影的应用范围越宽，投影的轮廓也会变得柔和。

（6）等高线：在给定范围内创造特殊轮廓外观。图层效果不同，其等高线控制的内容也不同。

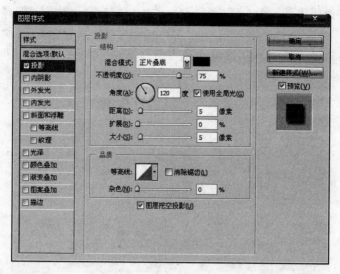

图 6-14　"投影"样式对话框

（7）杂色：通过在阴影上应用杂点，表现粗糙感觉的设置。其数值越大，杂点的数量越多。

添加了"投影"效果的文本如图 6-15 所示。

2. "内阴影"样式

"内阴影"样式可以在图像的内侧制作阴影的效果。内阴影效果与投影效果类似，主要区别在于投影是从对象边缘向外做阴影效果，而内阴影是从对象边缘向内做阴影效果，两者正好相反。两者搭配，可以表现对象简单的立体效果。

图 6-15　添加"投影"样式后的效果

内阴影样式对话框如图 6-16 所示。

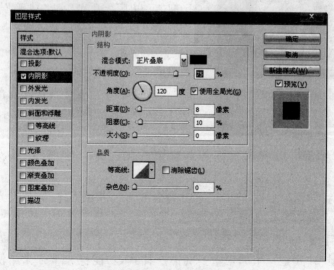

图 6-16　"内阴影"样式对话框

内阴影样式使用效果如图 6-17 所示。

3."外发光"样式

"外发光"样式可以使图像在边缘处产生向外发光效果。其对话框如图 6-18 所示。

图 6-17　添加"内阴影"样式后的效果

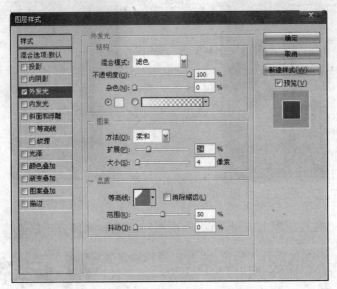

图 6-18　"外发光"样式对话框

该对话框主要选项的含义如下。

（1）发光方式：用于选择发光的颜色或渐变发光的效果。单击色块或渐变色带可改变并设置新的颜色或渐变色。

图 6-19　添加"外发光"样式后的效果

（2）方法：用于设置发光效果的边缘类型，可以用"柔和"和"精确"选项产生不同效果。

（3）扩展：用于设置发光效果的发散程度。

（4）大小：用于设置发光范围的大小。

外发光效果如图 6-19 所示。

4."内发光"样式

用"内发光"样式可以制作出图像内侧发光的效果。效果同"外发光"样式正好相反。

"内发光"样式对话框如图 6-20 所示。各参数可参考投影样式、外发光样式。

"内发光"样式使用效果如图 6-21 所示。

5."斜面和浮雕"样式

"斜面和浮雕"样式是一个非常重要的图层样式，功能也非常强大。使用它可以在图像上制作出各种类似浮雕的效果。

"斜面和浮雕"样式对话框如图 6-22 所示。

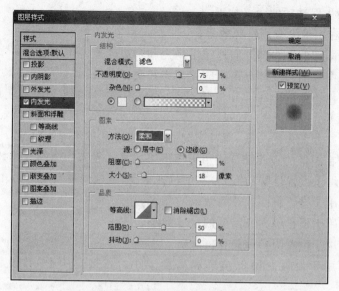

图 6-20　"内发光"样式对话框

图 6-21　添加"内发光"样式后的效果

图 6-22　"斜面和浮雕"样式对话框

该对话框的主要选项的含义如下。

（1）样式：在图像上应用特殊效果。

外斜面：从图像的边线部分向外应用高光和阴影效果。

内斜面：从图像的边线部分向内应用高光和阴影效果。

浮雕效果：以图像的边线部分为界，在内侧应用高光，在外侧应用阴影效果，从而表现立体的浮雕效果。

枕状浮雕：按照图像的边线，通过阴刻的方式表现立体的浮雕效果。

描边浮雕：在图像的边线部分应用边框形态的方式表现立体的浮雕效果。

（2）方法：用于设置浮雕的方式，其中包括平滑、雕刻清晰及雕刻柔和3个选项。

（3）深度：用于设置斜面或浮雕效果的深度。

（4）大小：用于设置斜面或浮雕的尺寸大小。

（5）软化：用于设置阴影模糊程度。

（6）高度：用于设置照明的角度和高度大小。越接近中心，数值越大，效果会越柔和。

（7）高光/阴影模式：用于设置斜面或浮雕高光/阴影区域的混合模式和透明度。

使用了"斜面与浮雕"样式的效果如图 6-23 所示。

图 6-23　添加"斜面与浮雕"样式后的效果

6. "光泽"样式

"光泽"样式可以在图像上表现出类似绸缎的质感。

"光泽"样式对话框如图 6-24 所示。

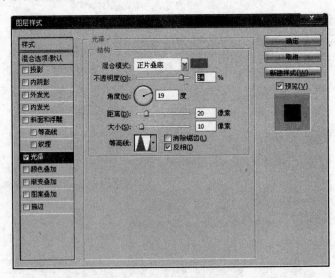

图 6-24　"光泽"样式对话框

该对话框的主要选项的含义如下。

（1）颜色：用于设置光泽的颜色。

（2）等高线：用于设置不同形态的绸缎图像。其使用效果如图 6-25 所示。

7.“颜色叠加”样式

“颜色叠加”样式可以在图层上覆盖选定的颜色。

“颜色叠加”样式对话框如图 6-26 所示。

其使用效果如图 6-27 所示。

图 6-25　添加“光泽”样式后的效果

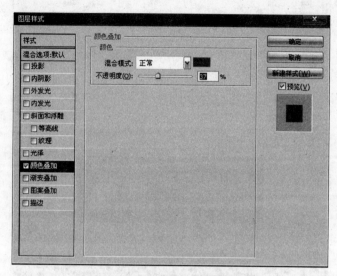

图 6-26　“颜色叠加”样式对话框

图 6-27　添加“颜色叠加”样式后的效果

8.“渐变叠加”样式

“渐变叠加”样式可以在不改变图像本身颜色属性的前提下为图像添加一层渐变色彩（如图 6-28 所示）。

其使用效果如图 6-29 所示。

9.“图案叠加”样式

“图案叠加”样式可以在图层上应用图案，除了软件提供的图案样式以外，还可以自己制作，并通过“定义图案”的方式，执行应用图案。

“图案叠加”样式对话框如图 6-30 所示。

其使用效果如图 6-31 所示。

10.“描边”样式

“描边”样式可使图像的周围描写纯色或渐变边框，其对话框如图 6-32 所示。

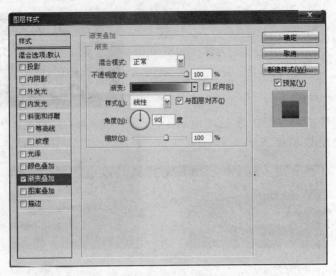

图 6-28　"渐变叠加"样式对话框

图 6-29　添加了"渐变叠加"样式的效果

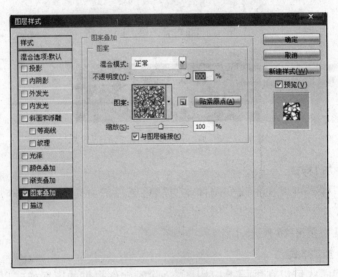

图 6-30　"图案叠加"样式对话框

图 6-31　添加"图案叠加"样式后的效果

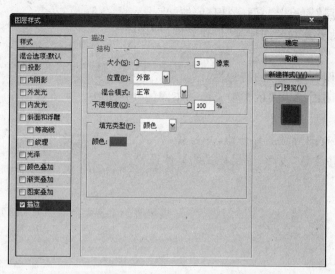

图 6-32 "描边"样式对话框

该对话框的主要选项的含义如下。

（1）大小：用于设置描边的粗细。

（2）位置：用于设置描边效果与图像边缘之间的位置关系，其中有 3 个选项，即外部、中间和内部。

添加了"描边"样式后的效果如图 6-33 所示。

图 6-33 添加"描边"样式后的效果

6.7 温故知新

1. 填空

（1）图层可以用 _____、_____、_____ 3 种类型进行填充。

（2）在"斜面和浮雕"样式中软件提供了 5 种样式，分别是外斜面、内斜面、浮雕效果、_____ 和描边浮雕。

（3）合并图层中，执行"拼合图层"的快捷键是 _____。

2. 选择

（1）下列关于"图层类型"的分类不正确的是 _____。

    A. 普通图层、文字图层   B. 背景图层、形状图层

    C. 通道图层、蒙版图层   D. 填充图层、普通图层

（2）可以将当前图层下移一层的快捷键是 _____。

    A. Ctrl＋[B. Ctrl＋]

    C. Shift＋Ctrl＋[D. Shift＋Ctrl＋]

（3）下列关于"复制图层"的操作，错误的是 _____。

    A. 菜单栏中"复制图层"的命令

    B. "图层"面板右键快捷菜单"复制图层"的选项

　　　C. "图层"面板上"复制图层"的按钮

　　　D. 拖动要复制的图层到"创建新图层"按钮上

3. 简答

(1) 简要说明背景图层的特殊性。

(2) 简要说明图层样式的类型及两种不同的使用方法。

4. 操作

利用两张素材图片做图片合成，并为其中一个图层添加投影效果。注意图层移动复制合成的操作，并注意"投影"图层样式的具体设置。

第 7 章
Photoshop 蒙版与通道

本章学习重点：

- 了解蒙版与通道的基本概念；
- 掌握蒙版的基本操作及应用；
- 掌握通道的基本操作及应用。

7.1 认识蒙版与 Alpha 通道

通道与蒙版是 Photoshop 中的重要功能，使用通道可以保存图像的颜色信息，可以用来制作精确的选区并对选区进行各种处理。通道和蒙版结合起来使用，可以简化对相同选区的重复操作。

1. 图层蒙版

在 Photoshop CS3 中，蒙版存储在 Alpha 通道中。蒙版与通道都是灰度图像，因此可以像编辑其他图像那样进行编辑。对蒙版和通道而言，绘制的黑色区域会受到保护，绘制的白色区域则可以进行编辑。

2. 创建快速蒙版

创建快速蒙版有以下两种方法。

(1) 按钮：单击工具箱中的"以快速蒙版模式编辑"按钮 ▣ 。

(2) 快捷键：按 Q 键。

【学以致用】 创建快速蒙版

(1) 选择"文件"→"打开"命令，打开一张室内图片，如图 7-1 所示。

(2) 按 Q 键，进入以快速蒙版编辑的状态。此时，"通道"面板中出现一个名为"快速蒙版"的通道，使用画笔工具描绘，如图 7-2 所示。

(3) 再次单击"以快速蒙版模式编辑"按钮，将切换为"以标准模式编辑"，在通道中创建的"快速蒙版"将会消失，此时，蒙版将变为

图 7-1 室内素材图片

选区,如图 7-3 所示。

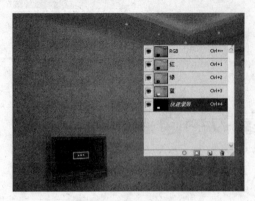
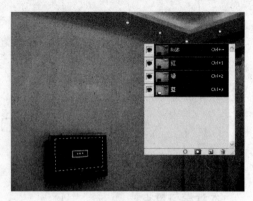

图 7-2　创建快速蒙版　　　　　　　图 7-3　以标准模式编辑图像

3. 创建图层蒙版

创建图层蒙版有以下几种方法。

(1) 按钮 1:在图像存在选区的状态下,单击"图层"面板底部的"添加图层蒙版"按钮,可以为选区外的图像部分添加蒙版。

(2) 按钮 2:如果图像没有选区,可直接单击"图层"面板底部的"添加图层蒙版"按钮,为整个图像添加蒙版。

(3) 命令 1:选择"图层"→"图层蒙版"→"显示全部"命令,即可为当前图层添加蒙版。

(4) 命令 2:选择"图层"→"矢量蒙版"→"显示全部"命令,即可为当前图层添加矢量蒙版。

【学以致用】　美丽照片

(1) 启动 Photoshop CS3,打开两张素材图片,如图 7-4 所示。

图 7-4　素材图像

(2) 确认风景图片为当前编辑图片,选择工具箱中的移动工具,将其移到相机图像窗口内,按 Ctrl+T 组合键,拖动控制柄,把图像拖动到合适的位置,如图 7-5 所示。

(3) 在"图层"面板中,单击图层 1 前面的"指示图层可视性"图标,隐藏图层 1,确认背景图层为当前层,选择磁性套索工具,移动鼠标至边缘,创建一个矩形选区,如图 7-6 所示。

图 7-5　置入图像　　　　　　　　　　　　　图 7-6　创建选区

（4）单击"图层"面板中的"指示图层可视性"图标,显示图层 1,然后单击"图层"面板底部的"添加图层蒙版"按钮,为其添加图层蒙版,如图 7-7 所示。

图 7-7　添加图层蒙版后的效果

（5）添加图层蒙版成功,保存文件至目标文件夹,命令为"图层蒙版.psd"。

4. 删除图层蒙版

删除图层蒙版有以下几种方法。

（1）命令:选择"图层"→"图层蒙版"→"删除"命令。

（2）快捷菜单:在"图层"面板中的图层缩览图上右击,在弹出的快捷菜单中选择"删除图层蒙版"命令。

5. 应用图层蒙版

应用图层蒙版有以下两种方法。

（1）在图像文件中添加了蒙版后,选择"图层"→"图层蒙版"→"应用"命令,可以应用蒙版保留图像当前的状态,同时图层蒙版将被删除。

（2）快捷菜单:在"图层"面板中的图层蒙版缩览图上右击,在弹出的快捷菜单中选择"应用图层蒙版"命令。

6. 蒙版转换为通道

将快速蒙版切换为标准模式后,选择"选择"→"存储选区"命令,弹出"存储选区"对话框,如图 7-8 所示。单击"确定"按钮,即可将临时的蒙版创建的选区转换为永久性的

Alpha 通道,如图 7-9 所示。

图 7-8　"存储选区"对话框　　　　　图 7-9　创建 Alpha 通道

7.2　初识通道

通道是 Photoshop 中重要的功能之一,虽然没有通过菜单的形式表现出来,但是它所表现的存储图像的颜色信息和选择范围的功能是十分强大的。在通道中可以储存选区、单独调整通道的颜色,进行应用图像以及计算命令的高级操作。

通道可以分为 5 种,分别是 Alpha 通道、颜色通道、复合通道、单色通道和专色通道。

1. Alpha 通道

使用 Alpha 通道可以将选区存储为灰度模式的图像。在进行图像编辑时创建的新通道称为 Alpha 通道,它也可以用来创建和存储蒙版,这些蒙版用于处理或保护图像的某些部分。只有以 PSD、PDF、PICT、PIXAR、TIFF 或 RAW 格式存储文件时,才会保留 Alpha 通道。

2. 颜色通道

颜色通道主要用于存储图像文件中的颜色数据。在 Photoshop CS3 中打开一幅素材图像,系统会自动创建颜色通道。图像的色彩模式决定了所创建颜色通道的数目。RGB 图像有 3 个颜色通道,CMYK 图像有 4 个颜色通道,灰度图像只有一个颜色通道,但它们包含了所有的将被打印或显示的颜色。如图 7-10 所示,左边为 RGB 图像的颜色通道,右边为 CMYK 图像的颜色通道。

图 7-10　颜色通道

3．复合通道

复合通道始终以彩色显示,是用于预览并编辑整个图像颜色通道的一个快捷方式,如图 7-11 所示。

RGB色彩模式　　　　　　　CMYK色彩模式

图 7-11　颜色通道

4．单色通道

单色通道的产生比较特别,在"通道"面板中随意删除其中一个通道,会发现所有通道都会变成黑白的,原有的彩色通道即使不删除也会变成灰度的,如图 7-12 所示。

图 7-12　单色通道

5．专色通道

专色通道指定用于专色油墨印刷加印版。专色的特殊油墨用于替代或补充印刷色油墨。如果要印刷带有专色的图像,则需要创建存储这些颜色的专色通道,要想输出专色通道,必须将文件以 PDF 格式存储。

7.3　"通道"面板

"通道"面板用于创建和管理通道。该面板中列出了图像的所有通道,默认情况下,最先列出的是复合通道,然后是颜色通道。

选择"窗口"→"通道"命令，打开"通道"面板，如图 7-13 所示。

图 7-13　"通道"面板

该面板各主要选项的含义如下。

（1）快速蒙版：如果当前图层中建立了蒙版，"通道"面板中就会显示出图层的蒙版。

（2）指示通道可视性：单击该图标可以控制通道的显示和隐藏。

（3）将通道作为选区载入：单击该按钮，可以将当前通道中的内容转换为选区；也可以将某一个通道拖动至此按钮上，以完成通道与选区之间的转换；还可以按住 Ctrl 键单击该通道的缩览图。

（4）将选区存储为通道：单击该按钮，可以将图像中已有的选区转换为蒙版，并保存到新增的 Alpha 通道。

（5）创建新通道：单击该按钮，可以创建一个新的 Alpha 通道，或将通道拖动到按钮上，复制该通道。

（6）删除当前通道：单击该按钮，可以删除当前通道。

7.4　通道的基本操作

1. 创建 Alpha 通道

Alpha 通道除了可以保存颜色信息外，还可以保存选择区域的信息。将选择区域保存为 Alpha 通道时，选择区域将被保存为白色，而非选择区域被保存为黑色。

1）新建通道

新建通道有以下 3 种方法。

（1）按钮：单击"通道"面板底部的"创建新通道"按钮，即可创建一个新的 Alpha 通道。

（2）面板菜单：单击"通道"面板右上角的面板控制按钮，在弹出的面板菜单中选择"新建通道"命令。

（3）快捷键：按住 Alt 键，单击"通道"面板底部的"创建新通道"按钮，将弹出"新建通道"对话框，如图 7-14 所示。

2）通过保存选区创建 Alpha 通道

选择"选择"→"存储选区"命令，弹出"存储选区"对话框，可以将当前选区保存为 Alpha 通道，如图 7-15 所示。

该对话框各主要选项的含义如下。

（1）文档：可以从中选取文件名并将选区保存在该文件中。

（2）通道：可以选取一个新通道，或选取保存文件。

（3）名称：可以输入新建通道的名称。

（4）操作：指定在目标图像已包含选区的情况下如何合并选区。

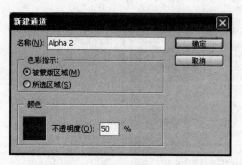

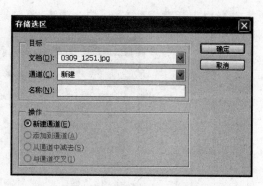

图 7-14 "新建通道"对话框　　　　　　图 7-15 "存储选区"对话框

3）载入选区

在操作过程中，可以将创建的选区保存为 Alpha 通道，同样也可以将通道作为选区载入。

载入选区有以下几种方法。

（1）按钮：单击"通道"面板底部的"将通道作为选区载入"按钮。

（2）命令：选择"选择"→"载入选区"命令。

（3）快捷键：按住 Ctrl 键单击"通道"面板中需载入的通道缩览图。

2．创建专色通道

专色是特殊的预混油墨，与传统的以 CMYK 模式配置出来的颜色不同，在印刷时要求专门的印刷。

创建专色通道的方法如下。

（1）按钮：按住 Ctrl 键的同时，单击"通道"面板底部的"创建新通道"按钮。

（2）面板菜单：单击"通道"右上角的控制按钮，在弹出的面板菜单中选择"新建专色通道"命令。

选择以上任意一种方法，均会弹出"新建专色通道"对话框，如图 7-16 所示。

该对话框各主要选项的含义如下。

（1）名称：设置新专色通道名称。

（2）颜色：设置油墨的颜色。

图 7-16 "新建专色通道"对话框

（3）密度：输入数值只会影响屏幕上的图像显示，对实际的打印输出没有影响。

3．复制通道

如果要在图像之间复制 Alpha 通道，则通道必须具有相同的像素尺寸。

复制通道有以下两种方法。

（1）快捷菜单：在"通道"面板中选择需要复制的通道，右击，在弹出的快捷菜单中选择"复制通道"命令。

（2）面板菜单：选中需要复制的通道，单击"通道"面板右上角的面板控制按钮，弹出面板菜单，选择"复制通道"命令。

选择以上任意一种方法,均会弹出"复制通道"对话框,如图7-17所示。

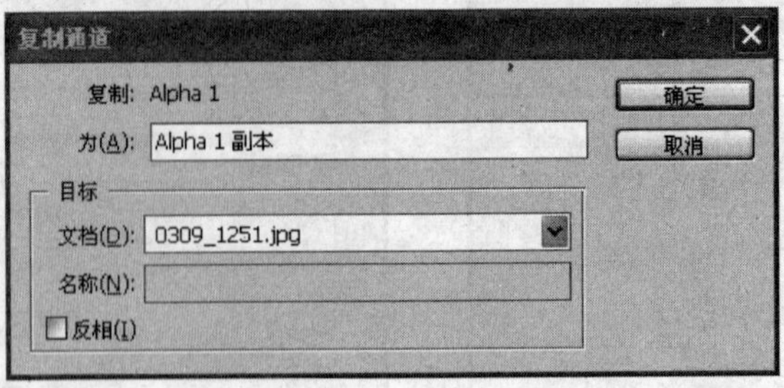

图7-17　"复制通道"对话框

4. 删除通道

在存储图像之前,删除不需要的通道,可以减小磁盘占用空间。

删除通道有以下几种方法。

(1) 按钮:在"通道"面板中,将要删除的通道直接拖动到面板底部的"删除当前通道"按钮上。

(2) 面板菜单:单击"通道"面板右上角的面板控制按钮,在弹出的面板中选择"删除通道"命令。

(3) 快捷键+按钮:按住 Alt 键单击"通道"面板底部的"删除通道"按钮。

5. 分离和合并通道

在 Photoshop CS3 中,若一幅图像包含的通道太多,就会导致文件太大而无法保存,此时,最好将通道拆分为多个独立的图像文件后分别保存,这就要用到分离通道操作,下面详细介绍。

1) 分离通道

分离通道只能分离拼合图像的通道。在不能保留通道的文件中保留单个通道信息,分离通道功能将非常实用。分离通道后源文件被关闭;单个通道将出现在单独灰度图像窗口,可以分别存储和编辑新图像。

单击"通道"面板右上角的面板控制按钮,在弹出的面板菜单中选择"分离通道"命令,可以将图像中的各个通道分离成单独的灰度图像文件,如图7-18所示。

2) 合并通道

可以将多个灰度图像合并为一个图像通道。欲合并的图像必须在灰度模式下,且具有相同的像素尺寸并处于打开状态。已打开的灰度图像的数量决定了合并通道时可用的颜色模式,例如打开三张图像,可以将它们合并为一个 RGB 图像文件。

单击"通道"面板右上角的面板控制按钮,在弹出的面板菜单中选择"合并通道"命令,弹出"合并通道"对话框,如图7-19所示。

在"模式"下拉列表框中选择"合并 RGB 通道"选项,单击"确定"按钮,弹出"合并 RGB 通道"对话框,如图7-20所示,合并通道的效果如图7-21所示。

图 7-18　分离通道

图 7-19　"合并通道"对话框

图 7-20　"合并 RGB 通道"对话框

图 7-21　合并 RGB 通道的图像效果

7.5　温故知新

1. 填空

(1) 创建快速蒙版可以通过使用＿＿＿＿＿快捷键。

(2) 通道可以分为 Alpha 通道、颜色通道、＿＿＿＿＿、单色通道和＿＿＿＿＿五种。

(3) 利用＿＿＿＿＿面板的＿＿＿＿＿命令,可以将一个图像中的各个通道分离出来。

2. 选择

(1) 下列关于蒙版的叙述中,不正确的是＿＿＿＿＿。

    A. 蒙版存储在 Alpha 通道中

    B. 在蒙版中可以绘制多种颜色

    C. 在蒙版中使用白色可以显示画面

    D. 画面中受到保护的部分将在蒙版中以黑色显示

(2) 将文件存储为以下＿＿＿＿＿格式时,不会保留 Alpha 通道。

    A. PSD   B. PDF   C. JPG   D. TIFF

(3) ＿＿＿＿＿通道始终以彩色显示,是用于预览并编辑整个图像颜色通道的快捷方式。

    A. 复合通道   B. 专色通道   C. 颜色通道   D. Alpha 通道

3. 简答

(1) 简要说明快速蒙版的功能。

(2) 简要说明通道与蒙版之间转换的方法。

4. 操作

利用蒙版原理,制作多组图片间的合成及无缝连接效果。要求完全理解各类型蒙版原理,熟练掌握相关快捷操作,反复练习,利用不同素材制作各种效果。

第 8 章
Photoshop 路径与形状

本章学习重点：

- 了解 Photoshop CS3 中路径制作的工具与命令；
- 掌握"路径"面板的使用方法；
- 掌握路径与形状的创建、编辑与基本应用。

路径的概念、创建、编辑及基本应用，以及路径形状的绘制和其他工具的使用，作为一名出色的平面设计师，对于这些知识的掌握是必需的。

8.1 认识路径

路径是使用形状或钢笔工具绘制的直线或曲线，在计算机图形学中称为矢量图形。它最显著的特点是无论缩小或放大都不会影响质量，它的显示与分辨率无关。

路径由曲线或直线段构成，用锚点来标记路径线段的端点。在曲线上，每个选中的锚点显示一条或两条方向线，方向线以控制柄结束，如图 8-1 所示。

其中控制柄用于移动方向点，以改变曲线段的角度和形状。"曲线"由一个或两个锚点来确定；"锚点"为路径上的控制点，每个锚点都有一条或两条方向线，方向线的末端是方向点。移动锚点的位置可以改变曲线的大小和形状。

路径可以是闭合的，如一个圆形路径；也可以是开放的，如一条直线或曲线，如图 8-2 所示。

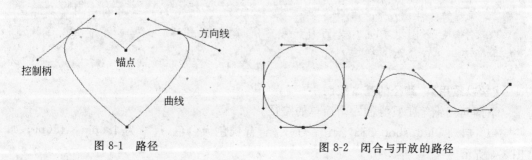

图 8-1　路径　　　　　　　　　　图 8-2　闭合与开放的路径

8.2　绘制路径

路径可以是一个点、一条直线或一条曲线,通常是由锚点连接在一起的一系列直线段或曲线段。创建路径的方法通常是使用钢笔工具和自由钢笔工具。钢笔工具可以和"路径"面板协调使用。通过"路径"面板可以对路径进行描边、填充及转换为选区。

1.　使用钢笔工具 ◊ 绘制路径

钢笔工具是绘制路径的基本工具,使用该工具可以创建直线或平滑的曲线。

选择工具箱中的钢笔工具,其属性栏如图 8-3 所示。

图 8-3　钢笔工具属性栏

该工具属性栏各主要选项的含义如下。

(1) 形状图层▣:单击该按钮,可以创建一个形状图层。在图像窗口创建路径时会同时建立一个形状图层,并在闭合的路径区域内填充前景色。

(2) 路径▣:单击该按钮,可在图像窗口中创建路径。

(3) 填充像素▢:单击该按钮,可在当前工作图层上绘制出一个由前景色填充的形状。

(4) 自动添加/删除:选中该复选框,在使用钢笔工具时,可以自动添加或删除锚点;或取消选中该复选框,则只能绘制路径,不能添加或删除锚点。

(5) 添加到路径区域▣:可以将新区域添加到重叠路径区域。

(6) 从路径区域减去▣:可以将新区域从重叠路径区域减去。

(7) 交叉路径区域▣:将路径限制为新区域和现有区域的交叉区域。

(8) 重叠路径区域除外▣:从合并路径中排除重叠区域。

(9) 样式:单击右侧的下拉按钮,弹出"样式选项"面板,在其中选择任意一项,即可将该样式应用到当前绘制的图形中。

> ※经验提示※
>
> 当使用钢笔工具绘制的时候,"填充像素"按钮是不可用的,只有在使用形状工具时,"填充像素"按钮才可用。其画面效果与使用"形状图层"一样,但并不生成形状图层,而只是一个像素颜色的填充。

【学以致用】　路径的基本绘制

下面运用钢笔工具绘制一个简单的路径。

(1) 启动 Photoshop CS3,新建一个文档,背景色为白色,尺寸为 480pix×480pix,如图 8-4 所示。

(2) 利用椭圆工具在工作区中央画一个椭圆,如图 8-5 所示。

图 8-4　新建文档

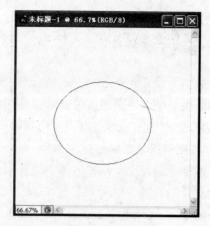

图 8-5　绘制椭圆

（3）利用钢笔工具选择创建模式为"交叉路径区域"，在工作区创建一个不规则的路径，与原路径相交，如图 8-6 所示。

（4）打开"路径"面板，可以看到面板上面的缩览图，如图 8-7 所示。

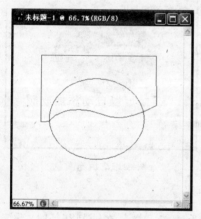

图 8-6　绘制路径

图 8-7　"路径"面板

（5）按住 Ctrl 键，单击"路径"面板图标，把路径载入选区，如图 8-8 所示。

（6）打开"图层"面板，新建一个普通图层，在选区内填充浅蓝色，如图 8-9 所示。

（7）将该图层复制一层，按 Ctrl＋T 组合键自由变换图像，执行水平与垂直翻转之后，得到图 8-10 所示的效果。

（8）将复制的新图层载入选区，填充橘红色，如图 8-11 所示。

（9）对整体标志进行简单的效果处理，保存文件至目标文件夹中，命名为"路径.psd"。

※经验提示※

使用钢笔工具绘制路径时有点类似于使用多边形套索工具。

绘制直线：单击鼠标——单击左键＋移动鼠标＋单击左键；

绘制曲线：拖动鼠标——单击左键＋移动鼠标＋单击且按住左键并任意方向拖动；

绘制曲线转折点：按 Alt 键拖动鼠标。

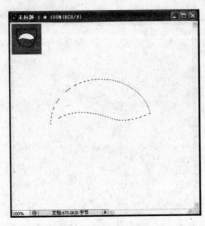

图 8-8　将路径载入选区

图 8-9　填充颜色

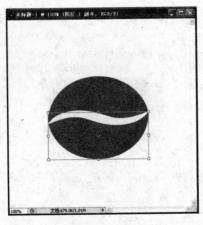

图 8-10　复制对象

图 8-11　填充颜色

2. 使用自由钢笔工具 绘制路径

自由钢笔工具用于随意绘图,如同用铅笔在纸上绘图一样。在绘制路径时,系统会自动在曲线上添加锚点,绘制完成后,可以进一步进行调整。其属性栏如图 8-12 所示。

图 8-12　自由钢笔工具属性栏

该工具属性栏大部分功能与钢笔工具一样,下面介绍其他功能。

(1)"曲线拟合"数值框:在该数值框中输入 0.5~10.0 像素之间的数值,设置的数值越大,创建的路径锚点越少,路径越简单。

(2)"磁性的"复选框:选中该复选框,"宽度"、"对比"和"频率"选项被激活。

【学以致用】　自由钢笔工具的使用

(1)启动 Photoshop CS3,打开一张卡通图片,如图 8-13 所示。

(2)选择工具箱中的自由钢笔工具,选中"磁性的"复选框,在卡通女孩的帽子边缘单击,然后沿着帽子的边缘移动鼠标,系统会自动在帽子黑线上生成一条不规则的路径,如果在移动的过程中，如果认为生成的路径不符合要求，可以按 Backspace 键退回重新获取路径，如图 8-14 所示。

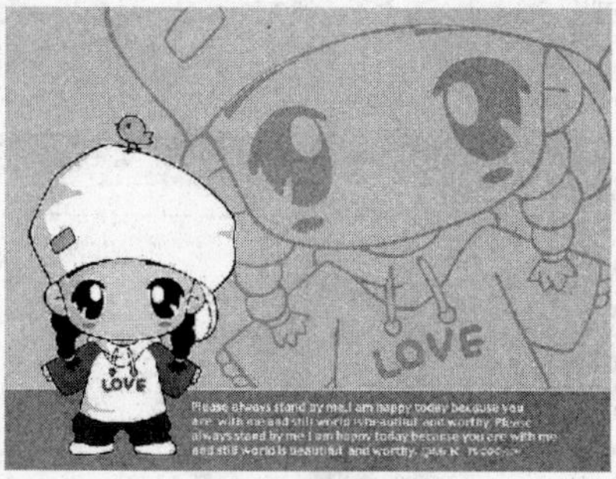

图 8-13　素材图片

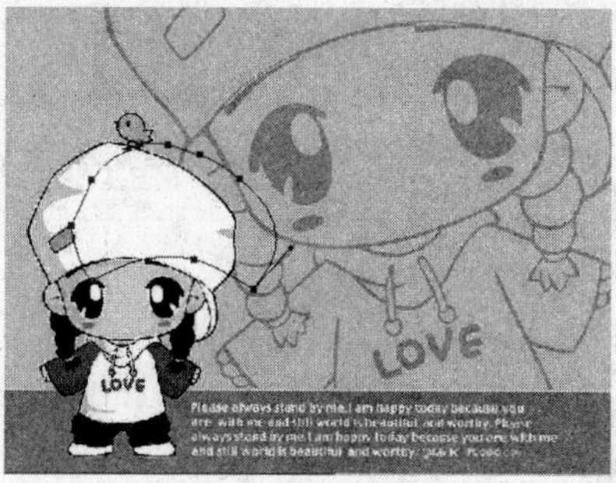

图 8-14　产生路径

8.3　编辑路径

初步绘制的路径可能不符合设计的要求，需要对路径进行进一步的修改，本节一起来学习路径的编辑操作。

1. 添加和删除锚点

选择工具箱中的添加锚点工具，可以在现有的路径上通过单击的方式添加锚点；选择工具箱中的删除锚点工具，可以在现有的路径上通过单击的方式删除锚点。如果选中钢笔工具属性栏上的"自动添加/删除"复选框，则可直接在路径上添加和删除锚点。按住 Alt 键在路径或锚点上单击，可在添加锚点和删除锚点之间切换。

【学以致用】　丝带的编辑

(1) 启动 Photoshop CS3，新建一个文档。

(2) 选择工具箱中的钢笔工具，画好如图 8-15 所示的路径。

(3) 选择工具箱中的添加锚点工具，把鼠标移到需要增加锚点的位置，单击即可，如图 8-16 所示。

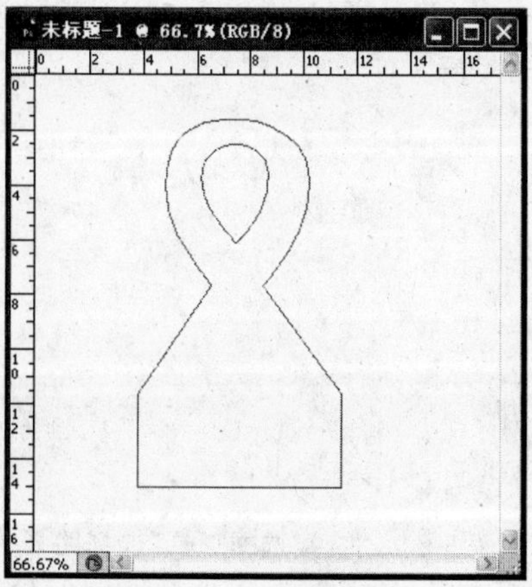

图 8-15　创建路径

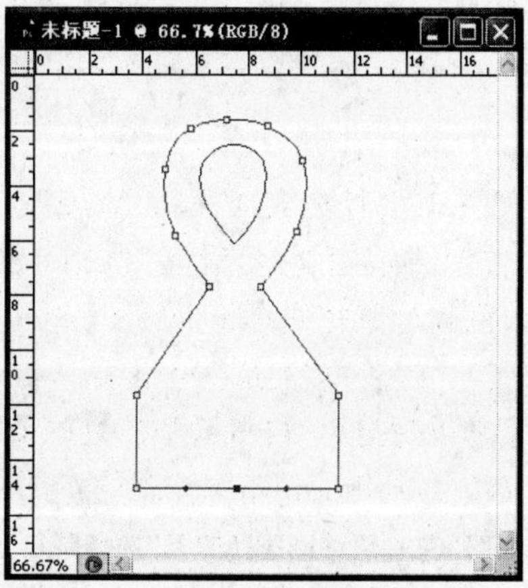

图 8-16　添加锚点

（4）选择工具箱中的转换点工具 ，单击新增的锚点，按住 Ctrl＋Shift 组合键，向上拖动新增的锚点，如图 8-17 所示。

（5）打开"路径"面板，把路径载入选区，切换到"图层"面板，新建一个图层，填充黑色，如图 8-18 所示。

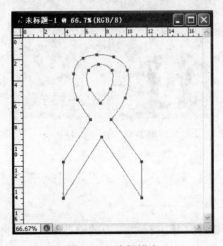

图 8-17　编辑锚点　　　　　　　　　　　　　图 8-18　完成操作

（6）完成操作，保存文件到目标文件夹，命名为"添加锚点.psd"。

2．选择和移动路径

在对路径进行编辑时，经常要选择和移动锚点。在 Photoshop CS3 中，可以选择和移动锚点的工具是路径选择工具和直接选择工具。

1）选择路径

在 Photoshop CS3 中，选择路径有以下两种不同的方法。

（1）路径选择工具 ：选择该工具后，单击需要选择的路径，则被选中的路径以实心点的方式显示各个锚点，如图 8-19 所示。

（2）直接选择工具 ：选择该工具后，单击需要选择的路径，则被选中的路径以空心点的方式显示各个锚点，如图 8-20 所示。

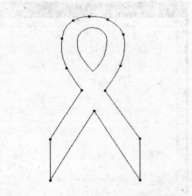
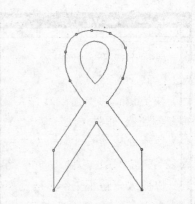

图 8-19　"路径选择工具"选择路径　　　　　　图 8-20　"直接选择工具"选择路径

2）移动路径

在 Photoshop CS3 中，可以使用以上两种工具来移动路径。

※经验提示※

在移动路径的操作中，无论使用哪一种工具，只要按住 Shift 键，拖动即可沿 45 度的倍数的角度进行移动。

3．连接和断开路径

1）连接路径

在使用钢笔工具绘制路径的过程中，可以将路径进行连接，当把鼠标移动至路径的起始锚点时，鼠标指针的右下角会出现一个空心圆点，此时单击即可连接路径。

2）断开路径

断开路径有以下两种方法。

（1）命令：当绘制好一个闭合路径后，运用选择工具选中某一锚点，选择"编辑"→"清除"命令，即可断开路径。

（2）快捷键：使用钢笔工具绘制闭合路径后，按住 Ctrl 键的同时单击任意锚点，以选中该锚点，按 Delete 键将其删除，即可断开路径，如图 8-21 所示。

4．复制路径

Photoshop CS3 中提供了 6 种复制路径的方法。

（1）面板菜单：单击"路径"面板右上角的面板控制按钮，在弹出的下拉菜单中选择"复制路径"命令，将弹出"复制路径"对话框，如图 8-22 所示。

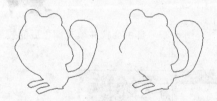

图 8-21　断开路径　　　　　　　　　图 8-22　"复制路径"对话框

（2）快捷菜单：在"路径"面板中选择要复制的路径，右击，在弹出的快捷菜单中选择"复制路径"命令。

（3）鼠标＋按钮：在"路径"面板中，将需要复制的路径拖动到面板底部的"创建新路径"按钮上，即可完成操作。

（4）快捷键：选中需要复制的路径，按 Ctrl＋C 组合键复制路径，再按 Ctrl＋V 组合键粘贴路径。

（5）快捷键＋鼠标 1：在直接选择工具状态下，选中路径，按住 Alt 键拖动，即可复制路径。

（6）快捷键＋鼠标 2：在钢笔工具状态下，选中路径，按住 Ctrl＋Alt 组合键拖动，即可复制路径，如图 8-23 所示。

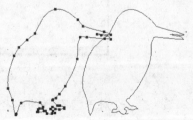

图 8-23　复制路径

> ※经验提示※
> 　　上述所说均为在同一幅图像内进行路径的复制,如果需要在不同的两幅图像之间进行复制路径的操作的话,方法同在两幅图像中复制图像元素类似,直接拖动即可。不同之处在于所使用的工具应为路径选择工具。

5. 变换路径

变换路径可以改变路径的形状、角度和大小,以达到更完美的效果。Photoshop CS3中提供了在路径被选择上之后的4种方法。

(1) 命令:选择"编辑"→"自由变换路径"命令。

(2) 快捷键:按 Ctrl+T 组合键。

(3) 复选框:在路径选择工具属性栏中选中"显示定界框"复选框,并在路径上单击,即可显示变换控制框及其属性栏,如图 8-24 所示。

图 8-24　自由变换属性栏

(4) 快捷菜单:选择路径选择工具,在路径上右击,在弹出的快捷菜单中选择"自由变换路径"命令。

自由变换并填充颜色后的效果如图 8-25 所示。

6. 显示和隐藏路径

1) 显示路径

显示路径的方法有以下几种。

(1) 鼠标:在"路径"面板中单击某个路径缩览图,该路径就会显示在图像窗口中,如图 8-26 所示。

图 8-25　自由变换并填充颜色后的效果

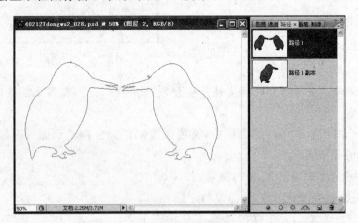

图 8-26　显示路径

(2) 命令:对于已隐藏的路径,选择"视图"→"显示"→"目标路径"命令,即可显示路径。

(3) 快捷键:对于已隐藏的路径,按 Ctrl+Shift+H 组合键可显示路径。

2）隐藏路径

隐藏路径的方法有以下几种。

（1）鼠标：单击"路径"面板的空白处，当前路径隐藏起来。

（2）快捷键：按 Ctrl＋Shift＋H 组合键。

（3）命令：选择"视图"→"显示"→"目标路径"命令。

7．删除路径

创建路径后，也可以删除。删除路径的方法有以下几种。

（1）按钮：在"路径"面板中，选择需要删除的路径，单击底部的"删除当前路径"按钮。

（2）面板菜单：在"路径"面板中，单击右上角的面板控制按钮，在弹出的面板菜单中选择"删除路径"命令，即可删除所选择的路径。

（3）命令：选择"编辑"→"清除"命令。

（4）快捷键＋按钮：按住 Alt 键的同时，单击"路径"面板底部的"删除路径"按钮，即可快速删除当前的工作路径。

（5）快捷键：在图像窗口中选择所要删除的路径，直接按 Delete 键，会出现"是否删除工作路径"的提示窗口。

8.4　创建路径形状

创建路径不仅可以使用钢笔工具，还可以使用矢量图形工具。

在默认情况下，工具箱中的矢量图形工具按钮显示是矩形工具，在该按钮上右击，可弹出形状工具组，如图 8-27 所示。

矢量图形工具由矩形工具、圆角矩形工具、椭圆工具、多边形工具、直线工具和自定义形状工具 6 种工具组成，通过这几种工具可以方便地绘制常见的图形。

1．矩形工具

用矩形工具可以绘制各种矩形和正方形，其属性栏如图 8-28 所示。

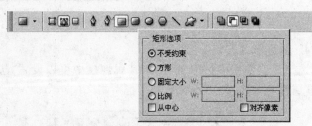

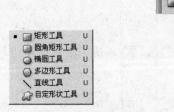

图 8-27　形状工具组　　　　　图 8-28　矩形工具属性栏

该属性栏各主要参数的含义如下。

（1）不受约束：选中该单选按钮，可能绘制各种路径、形状或图形，并其大小和宽高比不受限制。

（2）方形：选中该单选按钮，可以绘制不同大小的正方形。

（3）固定大小：选中该单选按钮，可以在其右侧的 W 和 H 数值框中输入适当的数值来设定所绘制形状、路径或图形的宽度与高度。

（4）比例：选中该单选按钮，在其右侧的 W 和 H 数值框中输入适当的数值，可以设定所绘制的形状、路径或图形的宽度和高度的比例。

（5）从中心：选中该复选框，可以从中心向外放射状地绘制形状、路径或图形。

（6）对齐像素：选中该复选框，可以使形状、路径或图形的边缘无锯齿现象。

2. 圆角矩形工具 ▢

选中圆角矩形工具，其属性栏多出一个"半径"数值框，用于设置圆角半径的大小，半径值越大，得到的矩形边就越圆滑；当数值为 100px 时，可绘制椭圆路径。

圆角矩形工具属性栏如图 8-29 所示。

图 8-29　圆角矩形工具属性栏

3. 椭圆工具 ◯

椭圆工具属性栏与圆角矩形工具属性栏一样，所不同的是绘制的形状是椭圆或正圆，如图 8-30 所示。

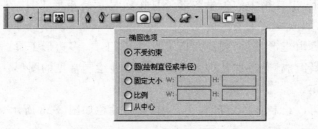

图 8-30　椭圆工具属性栏

4. 多边形工具 ⬡

选择工具箱中多边形工具，在其属性栏中可以设置"边"数，即所需绘制的多边形的边数，其属性栏如图 8-31 所示。

图 8-31　多边形工具属性栏

该工具属性栏主要选项的含义如下。

（1）半径：设置多边形的半径。

（2）平滑拐角：选中该复选框，可以设置多边形的边角为圆角，如图 8-32 所示。

（3）星形：选中该复选框，可以绘制星形，如图 8-33 所示。

图 8-32　平滑拐角效果　　　　　　　　　　　　　　　图 8-33　星形效果

（4）缩进边依据：用于设置多边形边缘的收缩量。

（5）平滑缩进：选中该复选框，可以设置平滑的收缩边缘，如图 8-34 所示。

正常情况下绘制的多边形如图 8-35 所示。

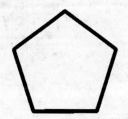

图 8-34　平滑缩进效果　　　　　　　　　　　　　图 8-35　正常多边形效果

5. 直线工具 ╲

使用直线工具可以直接绘制直线和箭头，单击工具属性栏中的"直线工具"选项右侧的下拉按钮，弹出"箭头"下拉面板，如图 8-36 所示。可制作部分箭头效果如图 8-37 所示。

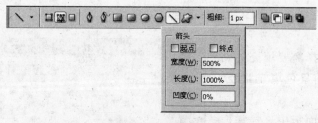

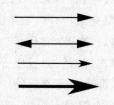

图 8-36　直线工具属性栏　　　　　　　　　　图 8-37　各种形状的箭头

该工具属性栏各主要选项的含义如下。

（1）粗细：用于设置线段的粗细。

（2）起点：为线段的起始位置添加箭头。

（3）终点：为线段的终止位置添加箭头。

（4）宽度/长度：用于指定箭头的比例。

（5）凹度：用于设置箭头尖锐程度。

6. 自定义形状工具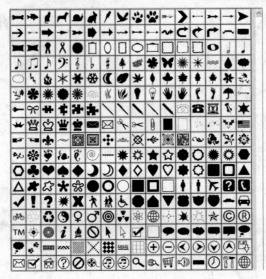

Photoshop CS3 中默认有一系列的形状，单击"自定义形状"按钮，可以在属性栏中设置以下自定义形状，如图 8-38 所示。

图 8-38　各种自定义形状

8.5　应用路径

在路径绘制完成之后，可以将路径转换为选区进行应用，或者直接描边处理，使其产生一些特殊效果。

1. 填充路径

填充路径必须在普通图层中进行，系统会使用前景色填充闭合路径包围的区域。对于开放路径，系统会使用最短的直线将路径闭合之后再进行填充。

填充路径有以下几种方法。

（1）按钮：在图像窗口中选择需要填充的路径，单击"路径"面板底部的"用前景色填充路径"按钮，即可填充前景色。

（2）拖动＋按钮：在"路径"面板中选择需要填充的路径，将其拖动至面板底部的"用前景色填充路径"按钮上。

（3）鼠标＋按钮：选择需要填充的路径，按住 Alt 键的同时，单击"路径"面板底部的"用前景色填充路径"按钮，会弹出"填充路径"对话框，如图 8-39 所示。

图 8-39　"填充路径"对话框

（4）面板菜单：选择需要填充的路径，单击面板右上角的面板控制按钮，在弹出的面板菜单中选择"填充路径"命令。

2. 描边路径

描边路径是对已绘制完成的路径边缘进行描边。

描边路径有以下几种方法。

（1）按钮：单击"路径"面板底部的"用画笔描边路径"按钮，即可对路径进行描边。

（2）工具＋鼠标：选择工具箱中的路径选择工具或直接选择工具，在图像窗口中右击，在弹出的快捷菜单中选择"描边路径"命令，弹出"描边路径"对话框，在其中的下拉列表框中选择一种需要的工具，单击"确定"按钮。

（3）面板菜单：单击"路径"面板右上角的面板控制按钮，在弹出的快捷菜单中选择"描边路径"命令，将弹出"描边路径"对话框。

（4）快捷键＋按钮：按住 Alt 键的同时，单击"路径"面板底部的"用画笔描边路径"按钮，将弹出"描边路径"对话框。

※经验提示※

路径的填充和描边只能借助路径面板中弹出菜单命令，切记不可使用"编辑"→"填充"或"编辑"→"描边"命令。

【学以致用】 描边路径

（1）启动 Photoshop CS3，打开一幅路径图片，如图 8-40 所示。

（2）打开"图层"面板，新建一个普通图层，背景为白色。

（3）选择画笔工具，在属性栏中设置主直径为 11，硬度为 100%。

（4）打开"路径"面板，单击面板底部的"用画笔描边"按钮，效果如图 8-41 所示。

图 8-40 素材图片

图 8-41 描边路径

（5）完成绘制，保存文件至目标文件夹，命名为"描边路径.psd"。

3. 将路径转换为选区

在 Photoshop CS3 中可以将创建的路径转换为选区，有以下几种方法。

（1）快捷键：按 Ctrl＋Enter 组合键，可以将当前路径转换为选区。

（2）按钮：单击"路径"面板底部的"将路径载入选区"按钮，即可将当前路径转换为选区。

（3）缩览图：按住 Ctrl 键的同时，单击"路径"面板中的路径缩览图，也可以将选区载入到图像中。

（4）快捷菜单：在"路径"面板中的路径上右击，在弹出的快捷菜单中选择"建立选区"命令。

（5）快捷键＋按钮：按住 Alt 键的同时，单击"路径"面板底部的"将路径作为选区载入"按钮，弹出"建立选区"对话框。

将路径转换为选区效果如图 8-42 所示。

图 8-42　路径载入选区

※经验提示※

如果所选择路径为开放路径，那么转换成的选区将是路径的起点和终点自动连接起来之后而形成的闭合区域。

8.6　温故知新

1．填空

（1）在计算机图形学中将路径称为_____图形，它由_____或_____构成。

（2）在对绘制好的路径进行选择或移动等编辑时，通常使用的工具是_____和_____。

（3）使用_____命令可以沿路径创建描边效果。

2．选择

（1）下面工具中不属于形状工具组的是_____。

　　A．矩形工具　　　　B．椭圆工具　　　C．星形工具　　　D．自定义形状工具

（2）使用_____工具可以将绘制好的某个锚点在直线点和曲线点之间进行转换。

　　A．钢笔工具　　　　　　　　　　　B．自由钢笔工具

　　C．直接选择工具　　　　　　　　　D．转换点工具

（3）在使用圆角矩形工具时，当属性栏中"半径"的数值为_____时，可绘制出椭圆路径。

　　A．180px　　　　　B．100px　　　　　C．360px　　　　　D．90px

3．简答

（1）简要说明路径的特点。

（2）简要说明能够将路径转化为选区使用的几种方法。

4．操作

利用钢笔工具绘制任意人物（卡通）造型轮廓，并描边路径。要求反复练习，熟练掌握钢笔工具及相关工具对不同造型线条的绘制，以及路径的制作与编辑过程中会使用到的快捷方式。

第 9 章

Photoshop 色彩编辑

本章学习重点：

- 了解 Photoshop CS3 中各种颜色模式及其特点；
- 掌握图像颜色分析的方法；
- 掌握各种图像色彩调节的方法与作用。

9.1 初识图像色彩

图像的色彩并不是像日常生活中所说的是红黄蓝那样简单，它是一个研究性与艺术性非常强的概念。颜色的参数包含色相、饱和度、阴影、中间调或高亮区域、对比度、亮度等。本节简单地来认识一下颜色的相关概念。

1. 图像分析

图像数字化之后，应仔细查找有缺陷的地方。许多数字化后的图像在屏幕上以真实的尺寸显示时，几近完美，但放大或打印出来后，缺陷变得明显了。图像数字化之后，可以选择"文件"→"存储为"命令进行备份，这是非常重要的。

2. 用直方图查看图像的色调

直方图通过图形显示了图像像素在各个色调区的分布情况，它向用户显示了图像在暗调、中间调和高光区域是否包含足够的细节，以便更好地修正。

（1）选择"文件"→"打开"命令，打开一张风景图片，如图 9-1 所示。

（2）选择"窗口"→"直方图"命令，弹出"直方图"面板，如图 9-2 所示。

（3）单击"直方图"面板右上角的控制按钮，在弹出的面板菜单中选择"扩展视图"命令，如图 9-3 所示。

"直方图"面板中各主要选项的含义如下。

① 通道：在该下拉列表框中可以选择显示亮度分布的通道，其中的"明度"选项表示

图 9-1　风景素材图片

图 9-2 "直方图"面板

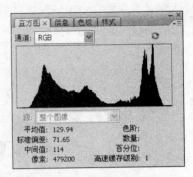

图 9-3 "直方图"面板扩展视图

复合通道的明度；"红"、"绿"和"蓝"选项则表示单个颜色通道的明度。

　　② 平均值：显示图像像素的平均亮度值。

　　③ 标准偏差：显示图像像素亮度值的变化范围。

　　④ 中间值：显示明度值范围内的中间值。

　　⑤ 像素：显示直方图的像素总数。

　　⑥ 色阶：显示指针所指区域的明度级别。

　　⑦ 数量：显示指针所指区域明度级别的像素总数。

　　⑧ 百分位：显示指针的级别或该级别以下的像素累计数。

　　⑨ 高速缓存级别：显示图像高速缓存的设置。

　　3. 拾色器的使用

　　在 Photoshop CS3 中，可以随心所欲地设置各种五彩缤纷的颜色，如设置背景色、底纹色、文字颜色等。同时，Photoshop CS3 又是一个万花筒，它能够很好地根据人们的意愿搭配出精致的作品。下面先来看看神奇的拾色器。

　　单击工具栏下边的■图标，弹出"拾色器"对话框，如图 9-4 所示。

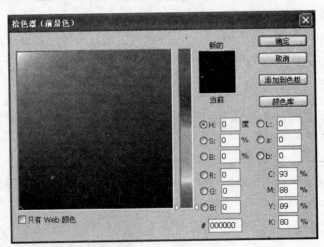

图 9-4 "拾色器"对话框

该对话框的主要参数的含义如下。

（1）"新的"和"当前"：颜色滑块的右侧有一块显示颜色的区域，分为上下两个部分，上半部分显示的是当前选择的颜色，下半部分显示的是原稿的前景色或者背景色。

（2）只有 Web 颜色：选中该复选框，系统将颜色的范围限制在 Web 颜色范围以内（适用于网页）的 256 种颜色（如图 9-5 所示）。

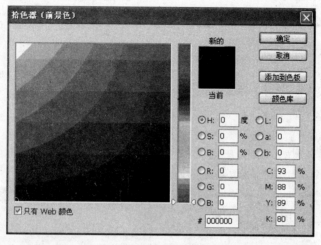

图 9-5　选中"只有 Web 颜色"复选框的"拾色器"对话框

（3）颜色库：单击该按钮，将弹出"颜色库"对话框，在其中可以进行颜色选取，在"色库"下拉列表框中可以选择不同类型的专用颜色（如图 9-6 所示）。

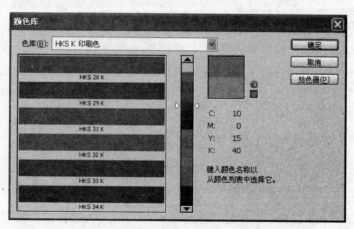

图 9-6　"颜色库"对话框

在拾色器中选取颜色有 3 种方法。

（1）在色域中单击所需要的颜色。

（2）在对话框右下方有 HSB、Lab、RGB 和 CMYK 四种色彩模式的颜色分量数值框中输入相应的数值或者百分比，可以完成选取颜色的操作。

（3）在对话框右下方有一个带有 ♯ 标志的数值框。在使用上面两种方法选取颜色时，每选取一种颜色数值框中的数值就会发生相应的改变，所以可以在此数值框中直接输入一个十六进制值，如000000是黑色，FFFFFF是白色，FF0000是红色。色域中所显示出来的所有颜色都可以用6位十六进制数值表示。

下面介绍颜色的填充方法。

（1）填充前景色：按Alt＋Delete组合键，或者选择"编辑"→"填充"命令，选择前景色，单击"确定"按钮。

（2）填充背景色：按Ctrl＋Delete组合键，或者选择"编辑"→"填充"命令，选择背景色，单击"确定"按钮。

9.2　图像色彩的基本调整

1. 色阶

色阶用于调整图像的阴影、中间调和高光的强度级别，从而校正图像的色调范围和平衡。"色阶"直方图用作调整图像基本色调的直观参考。

使用"色阶"命令有两种方法。

（1）命令：选择"图像"→"调整"→"色阶"命令。

（2）快捷键：按Ctrl＋L组合键。

用以上任意一种方式启动命令，都会弹出"色阶"对话框，如图9-7所示。

该对话框各主要参数的含义如下。

（1）通道：在该下拉列表框中可以选择要进行色调调整的颜色通道。

（2）输入色阶：可以在色阶数值框中输入所需的数值或拖动直方图下方的滑块来分别设置图像的暗调、中间调和高光。

图9-7　"色阶"对话框

（3）输出色阶：可以拖动暗部和亮部滑块或在数值框中输入数值来定义的暗调和高光值。

（4）设置黑场：在图像窗口中进行取样时，单击该按钮，取样位置的图像将会变暗。

（5）设置灰点：在图像窗口中进行取样时，单击该按钮，取样位置的图像中的中间色调变成平均亮度。

（6）设置白场：在图像窗口中进行取样时，单击该按钮，取样位置的图像中的明亮区域将变得更亮。

2. 自动色阶

"自动色阶"与"色阶"对话框中的"自动"按钮功能完全相同。该命令通过将每个通道中最亮和最暗的像素定义为白色和黑色，然后按比例重新分配中间像素来自动调整图像的色调。

使用"自动色阶"命令调整图像色彩有以下两种方法。

（1）命令：选择"图像"→"调整"→"自动色阶"命令。

（2）快捷键：按 Shift＋Ctrl＋L 组合键。

3. 曲线

"曲线"与"色阶"命令类似，都可以调整图像的整个色调范围，是应用非常广泛的色调调整命令，不同的是"曲线"命令不仅仅使用 3 个变量（亮光、暗调、中间调）进行调整，而且可以调节 0～255 以内的任意点，同时保持 15 个其他值不变。另外，也可以使用"曲线"命令对图像中个别颜色通道进行精确的调整。调整曲线的方法是在曲线面板坐标轴中，用单击的方式添加控制点，通过拖动或者在"输入"、"输出"的位置设置具体数值来达到调整画面的目的。

使用"曲线"命令有两种方法。

（1）命令：选择"图像"→"调整"→"曲线"命令。

（2）快捷键：按 Ctrl＋M 组合键。

【学以致用】　图像色调的调整

学习了图像的色调调整之后，现在来编辑一张图片，操作步骤如下。

（1）启动 Photoshop CS3，选择"文件"→"打开"命令，打开一张用数码相机拍摄的风景图片，如图 9-8 所示。

（2）选择"图像"→"调整"→"曲线"命令，打开"曲线"对话框，如图 9-9 所示。

图 9-8　风景图片

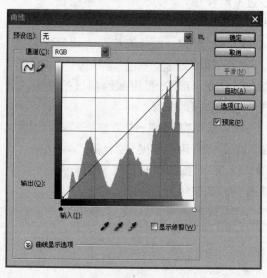

图 9-9　"曲线"对话框

（3）在此对话框中按图 9-10 中的样式设置好曲线参数，设置完毕后，单击"确定"按钮，完成编辑，效果如图 9-11 所示。

（4）通过曲线调整后的图像可以看出，比未调整之前显得更加清晰、明朗、颜色鲜艳，对比十足。

（5）保存图像至目标文件夹中，命名为"曲线调整.psd"。

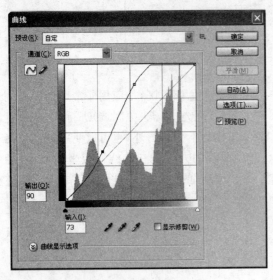

图 9-10　"曲线"设置对话框

图 9-11　通过曲线调整后的图像

4. 亮度/对比度

　　使用"亮度/对比度"命令可以调整图像的色调范围,其与"曲线"和"色阶"不同,它对图像中的每个像素均进行同样的调整,对单个通道不起作用,建议不用于高端输出,以免丢失图像的细节。

　　【学以致用】　图像亮度与对比度的调整

　　(1) 启动 Photoshop CS3,选择"文件"→"打开"命令,打开一张用数码相机拍摄的风景图片,如图 9-12 所示。

　　(2) 选择"图像"→"调整"→"亮度/对比度"命令,打开"亮度/对比度"对话框,如图 9-13 所示,按图中的数值设置好各种参数,单击"确定"按钮。

图 9-12　素材图片

　　(3) 效果如图 9-14 所示,保存文件至目标文件夹中,命名为"亮度.psd"。

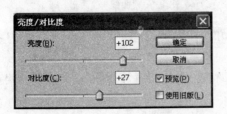

图 9-13　"亮度/对比度"对话框

图 9-14　调整亮度/对比度后的图像

5.自动对比度

"自动对比度"命令可以让系统自动调整图像中颜色的总体对比度和混合颜色,该命令不是单独调整各通道,所以不会引入或消除偏色。它将图像中最亮和最暗的像素映射为白色和黑色,使亮部显得更亮而暗部显得更暗。

使用"自动对比度"命令有两种方法。

(1)命令:选择"图像"→"调整"→"自动对比度"命令。

(2)快捷键:按 Alt+Shift+Ctrl+L 组合键。

6.自动颜色

"自动颜色"命令可以通过搜索实际图像来标识暗调、中间调和高光区域,并据此调整图像的对比度和颜色。默认情况下,"自动颜色"命令使用 RGB 灰色目标颜色来中和中间调。

使用"自动颜色"命令有两种方法。

(1)命令:选择"图像"→"调整"→"自动颜色"命令。

(2)快捷键:按 Shift+Ctrl+B 组合键。

7.变化

"变化"命令可以显示调整后的图像缩览图,可以调整图像的色彩平衡、对比度和饱和度。该命令对于不需要精确调整的图像特别合适(如图 9-15 所示)。

图 9-15　"变化"对话框

使用"变化"命令有两种方法。

(1)命令:选择"图像"→"调整"→"变化"命令。

(2)快捷键:按 Shift+Ctrl+B 组合键。

9.3　图像色彩的高级调整

图像的高级调整是一些更精确、更细腻的调整命令,对于一个调整图像的高手,学习这些知识是十分有必要的。

1. 色彩平衡

"色彩平衡"用于更改图像的总体颜色混合,纠正图像中出现的偏色。

使用"色彩平衡"命令有两种方法。

(1) 命令:选择"图像"→"调整"→"色彩平衡"命令。

(2) 快捷键:按 Ctrl+B 组合键。

【学以致用】　图像色彩平衡调整

(1) 启动 Photoshop CS3,单击"文件"→"打开"命令,打开一张用数码相机拍摄的西瓜图片,很显然这张图片中的瓜瓢部分颜色不够红,如图 9-16 所示。

(2) 选择椭圆选框工具,在红色的地方创建一个选区,如图 9-17 所示。

图 9-16　图片素材

图 9-17　创建椭圆选区

(3) 调整边缘:选择"选择"→"调整边缘"命令,弹出"调整边缘"对话框,按图 9-18 所示的参数设置好,单击"确定"按钮。

(4) 选择"图像"→"调整"→"色彩平衡"命令,弹出"色彩平衡"对话框,如图 9-19 所示,分别设置中间调为加红色 55,设置阴影为加红色 22,设置高光为加红色 31,单击"确定"按钮。

(5) 效果如图 9-20 所示,保存图像至目标文件夹中,命名为"色彩平衡.psd"。

2. 色相/饱和度

"色相/饱和度"命令可以调整整幅图像或单个颜色分量的色相、饱和度和亮度值,或者同时调整图像中所

图 9-18　"调整边缘"对话框

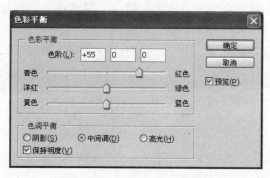

图 9-19　"色彩平衡"对话框　　　　　　　　图 9-20　"色彩平衡"效果图

有颜色。在 Photoshop CS3 中,此命令尤其适用于 CMYK 的颜色模式,以便颜色值在输出设备的色域内。

使用"色相/饱和度"命令有以下两种方法。

(1) 命令:选择"图像"→"调整"→"色相/饱和度"命令。

(2) 快捷键:按 Ctrl+U 组合键。

使用以上任意一种方法都将弹出"色相/饱和度"对话框,如图 9-21 所示。

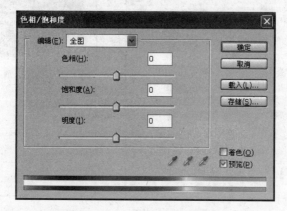

图 9-21　"色相/饱和度"对话框

该对话框中各主要选项的含义如下。

(1) 编辑:在该下拉列表框中可以选择用来调整的颜色或通道。

(2) 色相:用于调整图像的色相。可以在右侧输入数值,取值为−180～180 的整数,也可以拖动下面的滑块进行设置。

(3) 饱和度:用于调整图像的饱和度。可以在右侧输入数值,取值为−100～100 的整数,也可以拖动下面的滑块进行设置。

(4) 明度:用于调整图像的明度。可以在右侧输入数值,取值为−100～100 的整数,也可以拖动下面的滑块进行设置。

(5) 着色:选中该复选框,则可将图像变成单一颜色的图像。

3. 匹配颜色

使用"匹配颜色"命令可以将一张照片中的颜色与另一张照片相匹配,将一个图层的颜色与另一个图层相匹配、将一个图像中某选区中图像的颜色与同一个图像或不同图像的另一选区相匹配。

可以选择"图像"→"调整"→"匹配颜色"命令,将弹出"匹配颜色"对话框,如图 9-22 所示。

4. 替换颜色

使用"替换颜色"可以创建蒙版,也可以选择图像中特定的颜色,然后替换成其他颜色。

可以选择"图像"→"调整"→"替换颜色"命令,将弹出"替换颜色"对话框,如图 9-23 所示。

图 9-22 "匹配颜色"对话框

图 9-23 "替换颜色"对话框

5. 照片滤镜

使用"照片滤镜"命令可以模仿在相机镜头前面添加彩色滤镜的效果,能够使照片呈现暖色调、冷色调等不同色调倾向。

可以选择"图像"→"调整"→"照片滤镜"命令,将弹出"照片滤镜"对话框,如图 9-24 所示。

该对话框中主要选项的含义如下。

(1)滤镜:在其下拉列表框中列出了 20 种预设选项,可以根据需要选择合适的选项以调节图像。

(2)颜色:单击右侧的色块,弹出"拾色器"对话框,从中可以设置合适的颜色。

图 9-24 "照片滤镜"对话框

（3）浓度：拖动滑块，可以设置应用于图像的颜色设置，浓度越高颜色的幅度就越大。

6．反相

使用"反相"命令可以反转图像的颜色。在反相图像时，通道中每个像素的亮度值将转换为 256 级颜色的相反值。可以使用该命令将一幅黑白正片图像变成负片，效果如图 9-25 所示。

图 9-25　使用"反相"命令的前后效果

使用"反相"命令有两种方法。

（1）命令：选择"图像"→"调整"→"反相"命令。

（2）快捷键：按 Ctrl＋I 组合键。

7．去色

使用"去色"命令可以将彩色图像转换为灰度图像，但图像的颜色模式保持不变，效果如图 9-26 所示。

图 9-26　使用"去色"命令的前后效果

使用"去色"命令有两种方法。

（1）命令：选择"图像"→"调整"→"去色"命令。

（2）快捷键：按 Ctrl＋Shift＋U 组合键。

8．色调均化

使用"色调均化"命令可以重新分布图像中像素的亮度值，使其更均匀地呈现所有范围的亮度级，效果如图 9-27 所示。

图 9-27　使用"色调均化"命令的前后效果

使用"色调均化"命令的方法如下。

命令：选择"图像"→"调整"→"色调均化"命令。

9. 色调分离

使用"色调分离"命令可以指定图像中第一个通道的色调级的数目，将像素映射为最接近的匹配级别，效果如图 9-28 所示。

图 9-28　使用"色调分离"命令的前后效果

使用"色调分离"命令的方法如下。

命令：选择"图像"→"调整"→"色调分离"命令。

10. 阈值

使用"阈值"命令可以将灰色或彩色图像转换为较高对比度的黑白图像。可以指定阈值，在转换的过程中系统将会使所有比该阈值亮的像素转换为白色，将所有比该阈值暗的像素转换为黑色。

使用"阈值"命令的方法如下。

命令：选择"图像"→"调整"→"阈值"命令。

打开"阈值"对话框，如图 9-29 所示。

使用"阈值"命令的前后图像效果如图 9-30 所示。

图 9-29　"阈值"对话框

图 9-30　使用"阈值"命令的前后效果

11. 色彩模式

色彩模式能够由不同的原色值通过任意组合而形成千变万化的颜色,各种不同的色彩模式所表现的亮度、鲜艳度和深度也是不同的,要学会如何运用不同的色彩模式来完成不同的图像。

1) 灰度模式

灰度色彩模式的图像实际上就是俗称的"黑白图片"。可以将彩色图片转换为"黑白图片",只不过颜色的信息都将被删除。

2) RGB 模式

RGB 色彩模式是 Photoshop CS3 默认的色彩模式,此色彩模式的图像均由红色(R)、绿色(G)、蓝色(B)三种颜色的不同颜色值组合而成。

RGB 色彩模式为彩色图像中每个像素的 R、G、B 颜色值分配 0～255 的强度值,一共产生 16 777 216 种颜色,因此 RGB 色彩模式下的图像非常鲜艳,由于 RGB 三种颜色合成后产生白色,所以 RGB 色彩模式又被称为"加色"模式。

3) CMYK 模式

CMYK 色彩模式是标准的印刷颜色模式,如果要将在 Photoshop CS3 中制作的图像用于彩色印刷输出,必须将其色彩模式转换为 CMYK 模式。

CMYK 色彩模式由 4 种颜色组成,即青色(C)、品红(M)、黄色(Y)和黑色(K)。每种颜色对应于一个通道及用来生成 4 色分离的原色。

4) Lab 模式

Lab 色彩模式是 Photoshop CS3 在不同颜色模式之间转换时使用的内部安全模式,它的色域包含 RGB 色彩模式和 CMYK 色彩模式的色域。因此将 RGB 色彩模式的图像转换为 CMYK 色彩模式时,要先将其转换为 Lab 色彩模式,再从 Lab 色彩模式转换为 CMYK 色彩模式。Lab 色彩模式由一个亮度和两个颜色组成。

9.4　温故知新

1. 填空

(1) 可以调整图像的整个色调范围,并且可以对个别颜色通道进行精确调整的命令是_____。

（2）可以通过图形显示图像像素在各个色调区的分布情况的是_____。

（3）使用反相命令可以将原图像区域的像素颜色改变为原来的_____。

2. 选择

（1）下列命令中，可以有效纠正图像中出现偏色的是_____。

　　A. 色彩平衡　　　B. 自动色阶　　　C. 变化　　　　　D. 色调均化

（2）下列命令中，可以模仿在相机镜头前添加彩色滤镜，以使图像产生不同色调倾向效果的是_____。

　　A. 色调均化　　　B. 色调分离　　　C. 渐变映射　　　D. 照片滤镜

（3）下列属于"去色"命令的快捷键是_____。

　　A. Ctrl+U　　　　B. Ctrl+M　　　　C. Ctrl+Shift+U　　D. Ctrl+ B

3. 简答

（1）简要分析"色调均化"与"色调分离"的作用与区别。

（2）简要说明几种常用色彩模式的功能与不同。

4. 操作

利用各种图像色彩调节的命令，尝试修复偏色照片。要求反复练习，掌握各命令的作用与效果，能够明确相近命令间的不同，学会利用色彩为画面增色。

第 10 章
Photoshop 滤镜

本章学习重点：

- 了解什么是滤镜以及滤镜库的用法；
- 掌握 Photoshop CS3 中各种常用滤镜的使用方法；
- 掌握 Photoshop CS3 中特殊滤镜的应用。

10.1 滤镜效果

想在图像中制作奇特的效果，自然离不开 Photoshop 中的滤镜功能。使用不同的 Photoshop 滤镜可以制作出不同的图像效果。而滤镜的工作方式是分析图像或选区中的每个像素，用数学算法对其进行转换，生成随机或预先定义过的图形或形状效果。

对于初学者来说，要想用好滤镜，除了要掌握滤镜的基本知识外，还要在实践中不断去体验每个滤镜的作用和效果。

1. 滤镜中常用的快捷键

在应用滤镜的过程中，用户可以使用一些快捷键来让自己的操作更加方便和快捷，下面为大家介绍几种针对滤镜效果可以使用的快捷键。

(1) 按 Esc 键，可以取消当前正在操作的滤镜。

(2) 按 Ctrl+Z 键，可以还原滤镜操作执行前的图像。

(3) 按 Ctrl+F 键，可以再次应用最近一次使用过的滤镜。

(4) 按 Ctrl+Alt+F 键，可以将最近一次应用过的滤镜对话框显示出来。

2. 关于滤镜库

选择"滤镜"→"滤镜库"命令，弹出"滤镜库"对话框，如图 10-1 所示。

从滤镜库中可以看到，所有的滤镜命令都集中在这个对话框中。对于同一幅图像，可以运用一种或多种滤镜效果。下面介绍此对话框各个区域的功能。

1) 滤镜选择区

该区域显示已经被该版本软件所集成的滤镜，单击各滤镜序列的名称即可将其展开，并显示该序列中包含的滤镜命令，选择相应的命令即可应用滤镜。

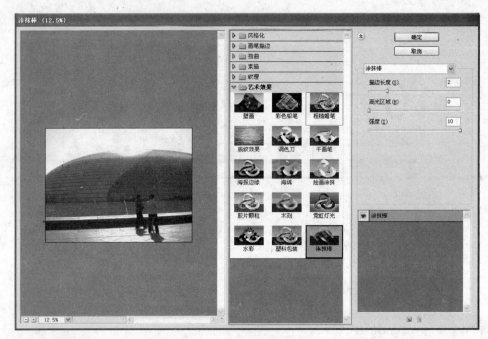

图 10-1 "滤镜库"对话框

单击滤镜选择区右上角的按钮,可以隐藏该区域,以扩大窗口左侧效果预览区,从而更加明确地观看应用滤镜后的效果,再次单击该按钮,可重新应用。

2)预览区

在该区域中显示由执行当前滤镜命令所处理得到的图像效果。下面介绍预览区中几种常见操作技法。

(1)按住 Ctrl 键,抓手工具变成放大工具,此时在预览框中单击,即可放大当前效果的显示比例。

(2)把鼠标移到预览框中,其指针会自动呈抓手工具形状,此时拖动可以查看图像其他部分应用滤镜命令后的效果。

(3)按住 Alt 键,抓手工具切换为缩小工具,此时在预览区中单击,即可缩小画面效果的显示比例。

3)显示比例调整区

在该区域中可以调整预览区中的图像的显示比例。

4)参数调整区

在该区域中,可以设置当前已选滤镜命令的具体参数。

5)滤镜控制区

这是滤镜库的一大亮点,正是由于该区域所支持的功能,才使用户可以在该对话框中对图像同时应用多个滤镜命令,并将所添加的命令效果叠加起来,而且可以像在"图层"面板中修改图层的顺序那样调整各个滤镜层的顺序。

10.2　各种常用滤镜

10.2.1　风格化滤镜

1. "风"滤镜

"风"滤镜可为图像增加一些短的水平线,以生成类似风吹的效果。

该滤镜的对话框(如图 10-2 所示)选项设置如下。

(1) 方法:设置风的强度,即滤镜效果的明显程度。

(2) 方向:设置风吹的方向。

使用"风"滤镜后的效果如图 10-3 所示。

2. "拼贴"滤镜

"拼贴"滤镜可以将图像分解为一系列拼贴图形,使选区偏离原来的位置,制作类似于拼图的效果。

该滤镜的对话框(如图 10-4 所示)选项设置如下。

图 10-2　"风"对话框

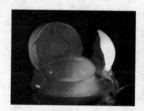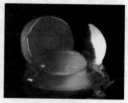

图 10-3　使用"风"滤镜的前后效果

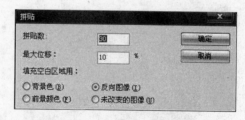

图 10-4　"拼贴"对话框

(1) 拼贴数:设置构成画面的拼贴图形的个数。

(2) 最大位移:以百分比的形式设置所用拼贴图形之间的空间距离。

(3) 填充空白区域用:用来选定所用拼贴图形之间的空间距离的颜色处理方法。

① 背景色:用背景色填充拼贴图形之间的空间距离。

② 前景颜色:用前景色填充拼贴图形之间的空间距离。

③ 反向图像:用原图像颜色反转后的效果填充拼贴图形之间的空间距离。

④ 未改变的图像:用原图像填充拼贴图形之间的空间距离。

使用"拼贴"滤镜后的效果如图 10-5 所示。

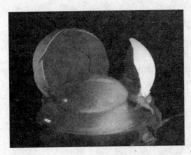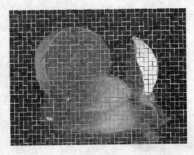

图 10-5　使用"拼贴"滤镜的前后效果

3．"浮雕效果"滤镜

"浮雕效果"滤镜通过将图像的填充色转换为灰色，并用原填充色描边，使选区显得凸起或凹陷，以制作类似浮雕的效果。

该滤镜的对话框（如图 10-6 所示）选项设置如下。

（1）角度：设置光来源的角度。

（2）高度：设置图像中表现浮雕层次的高度值，即凸起或凹陷的明显程度。

（3）数量：设置滤镜效果的应用程度，输入范围为 1～502。

使用"浮雕效果"滤镜后的效果如图 10-7 所示。

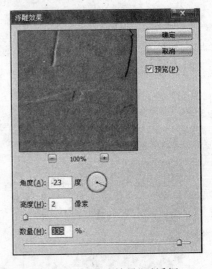

图 10-6　"浮雕效果"对话框

4．"扩散"滤镜

"扩散"滤镜可以通过扩散图像的像素，使画面具有绘画的感觉。

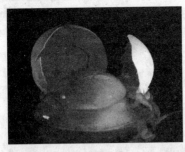

图 10-7　使用"浮雕"滤镜的前后效果

该滤镜的对话框（如图 10-8 所示）选项设置如下。

（1）正常：在整个图像中应用滤镜效果。

（2）变暗优先：以阴影部分为中心，在图像上应用滤镜的效果。

（3）变亮优先：以高光部分为中心，在图像上应用滤镜的效果。

（4）各向异性：柔和地将滤镜效果表现在图像上。

使用"扩散"滤镜后的效果如图 10-9 所示。

5. "凸出"滤镜

"凸出"滤镜是通过矩形或金字塔形式来突出表现图像的像素效果。

该滤镜的对话框(如图 10-10 所示)选项设置如下。

图 10-9　使用"扩散"滤镜的前后效果

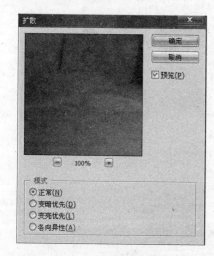

图 10-8　"扩散"对话框

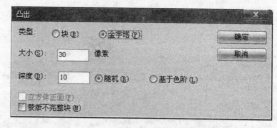

图 10-10　"凸出"对话框

(1) 类型:选择像素被凸出的形式。

(2) 大小:设置被凸出的像素的大小。

(3) 深度:设置被凸出的像素的程度。

① 随机:不规则的完全按照随机变化出现的凸出。

② 基于色阶:按照亮度的差别,凸出亮度高的部分。

(4) 立方体正面:用图像本身的颜色来填充凸出空间的颜色。

(5) 蒙版不完整块:不对凸出边缘应用任何效果。

使用"凸出"滤镜后的效果如图 10-11 所示。

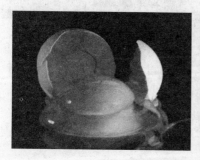
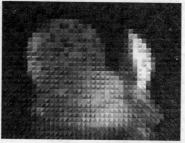

图 10-11　使用"凸出"滤镜的前后效果

6. "查找边缘"滤镜

"查找边缘"滤镜是通过用深色表现图像的边缘,而用白色去填充除边缘外其他部分的一种效果。边线的粗细取决于图像边缘部分颜色变化的丰富程度。

该滤镜无对话框设置,其应用效果如图 10-12 所示。

图 10-12　使用"查找边缘"滤镜的前后效果

7. "照亮边缘"滤镜

"照亮边缘"滤镜是通过不同程度地提亮图像的边缘,以便在图像的边缘部分做出类似霓虹灯的效果。

该滤镜的对话框(如图 10-13 所示)选项设置如下。

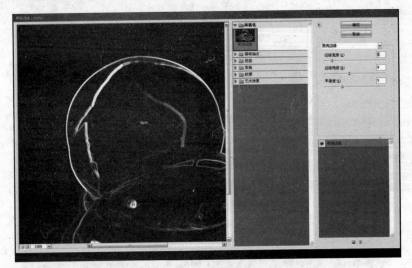

图 10-13　"照亮边缘"对话框

(1) 边缘宽度:设置图像被照亮的边缘轮廓的粗细程度。

(2) 边缘亮度:设置图像被照亮的边缘轮廓的明暗程度。

(3) 平滑度:设置图像边缘被照亮效果的柔和程度。

使用"照亮边缘"滤镜后的效果如图 10-14 所示。

8. "曝光过度"滤镜

"曝光过度"滤镜是通过图像颜色的变化,做出类似于底片曝光,并重点翻转图像高光部分的效果。

该滤镜无对话框设置,其应用效果如图 10-15 所示。

图 10-14　使用"照亮边缘"滤镜的前后效果

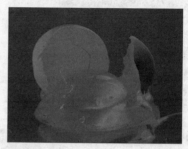

图 10-15　使用"曝光过度"滤镜的前后效果

9."等高线"滤镜

"等高线"滤镜是一种用阴影颜色来表现图像边缘的特殊效果。

该滤镜的对话框(如图 10-16 所示)选项设置如下。

(1) 色阶：设置图像边缘的颜色等级。

(2) 边缘：选择图像边缘的显示方法。

① 较低：比所设定色阶数值低时显示图像边缘。

② 较高：比所设定色阶数值高时显示图像边缘。

使用"等高线"滤镜后的效果如图 10-17 所示。

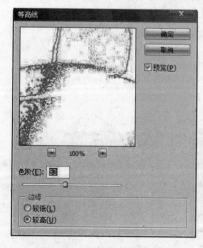

图 10-16　"等高线"对话框　　　　图 10-17　使用"等高线"滤镜的前后效果

10.2.2　模糊滤镜

1.“动感模糊”滤镜

使用“动感模糊”可以模拟拍摄运动物体时产生的动感效果。

该滤镜的对话框（如图 10-18 所示）选项设置如下。

（1）角度：设置图像模糊的方向角度。

（2）距离：设置模糊效果整体的距离值。距离值越大，动感效果会越明显。

使用“动感模糊”滤镜后的效果如图 10-19 所示。

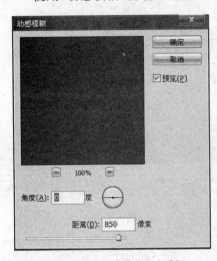

图 10-18　“动感模糊”对话框

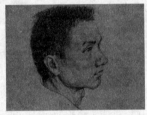 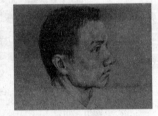

图 10-19　使用“动感模糊”滤镜的前后效果

2.“高斯模糊”滤镜

“高斯模糊”滤镜是通过控制模糊半径以对图像进行模糊效果的处理。该滤镜可用来添加低频细节，并产生一种朦胧效果。

该滤镜的对话框（如图 10-20 所示）选项设置如下。

半径：设置模糊的半径值，数值越大，模糊程度越高。

使用“高斯模糊”滤镜后的效果如图 10-21 所示。

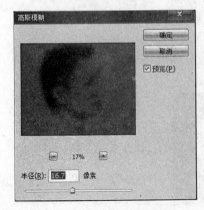

图 10-20　“高斯模糊”对话框

图 10-21　使用“高斯模糊”滤镜的前后效果

3. "径向模糊"滤镜

"径向模糊"滤镜可以生成旋转模糊或从中心向外辐射性的模糊效果。

该滤镜的对话框(如图 10-22 所示)选项设置如下。

(1) 数量:设置模糊的程度,数量越大,模糊程度越明显。

(2) 模糊方法:选择模糊的方式。

① 旋转:以目标点为中心旋转图像而产生模糊效果。

② 缩放:以目标点为中心向外放大图像而产生模糊效果。

(3) 品质:设置模糊效果的图像质量,质量越高,对数字运算的要求越高。

① 草图:最快速地产生模糊的效果。

② 好:比较不错的模糊效果。

③ 最好:最佳的模糊效果。

(4) 中心模糊:设置目标点在图像上的位置。

使用"径向模糊"滤镜前后的效果如图 10-23 所示。

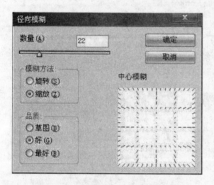

图 10-22　"径向模糊"对话框

图 10-23　使用"径向模糊"滤镜的前后效果

4. "镜头模糊"滤镜

"镜头模糊"滤镜用于表现类似于照相机镜头所产生的模糊效果。

该滤镜的对话框(如图 10-24 所示)选项设置如下。

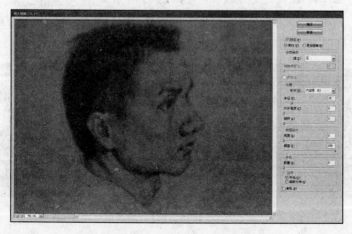

图 10-24　"镜头模糊"对话框

（1）深度映射：设置模糊的程度。

（2）光圈：设置表现在图像表面逐渐模糊的效果。

（3）镜面高光：设置光的反射量。

（4）杂色：设置图像中杂点的效果。

使用"镜头模糊"滤镜后的效果如图 10-25 所示。

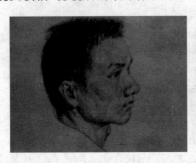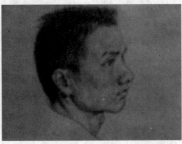

图 10-25　使用"镜头模糊"滤镜前后的效果

5．"特殊模糊"滤镜

"特殊模糊"滤镜只作用于图像中对比值较低的颜色上，使画面局部产生模糊效果。

该滤镜的对话框（如图 10-26 所示）选项设置如下。

（1）半径：设置模糊的像素数量，数值越大，模糊效果越明显。

（2）阈值：设置应用在相似颜色上的模糊范围。

（3）品质：设置模糊效果的画面质量。

（4）模式：设置模糊效果的应用方法。

① 仅限边缘：只将模糊的效果作用于图像的边缘。

② 叠加边缘：将图像的边缘表现为白色的模糊效果。

使用"特殊模糊"滤镜后的效果如图 10-27 所示。

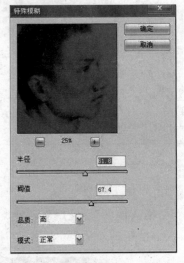

图 10-26　"特殊模糊"对话框

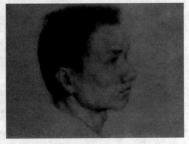

图 10-27　使用"特殊模糊"滤镜的前后效果

10.2.3　扭曲滤镜

1. "扩散亮光"滤镜

"扩散亮光"滤镜可以通过在图像的高光部分添加反光的亮点,使图像产生柔和的光照效果。

该滤镜的对话框(如图 10-28 所示)选项设置如下。

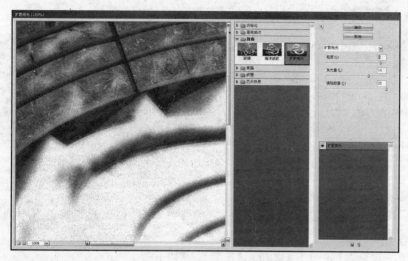

图 10-28　"扩散亮光"对话框

(1) 粒度:设置反光亮点的细致程度。

(2) 发光量:设置反光亮点的光亮程度。

(3) 清除数量:设置滤镜效果的范围大小。

使用"扩散亮光"滤镜后的效果如图 10-29 所示。

图 10-29　使用"扩散亮光"滤镜的前后效果

2. "波纹"滤镜

"波纹"滤镜可以通过将图像像素进行变换,或者对波纹的数量和大小进行控制,从而生成波纹起伏的效果。

该滤镜的对话框(如图 10-30 所示)选项设置如下。

(1) 数量:设置图像的波纹密度和扭曲范围。

（2）大小：设置波纹效果的大小。

使用"波纹"滤镜后的效果如图 10-31 所示。

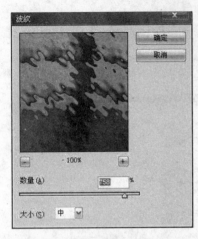

图 10-30　"波纹"对话框　　　　　　图 10-31　使用"波纹"滤镜的前后效果

3.　"玻璃"滤镜

　　"玻璃"滤镜是通过给图像增加不同样式的纹理，使图像看起来像透过不同类型的玻璃所看到的画面效果。

　　该滤镜的对话框（如图 10-32 所示）选项设置如下。

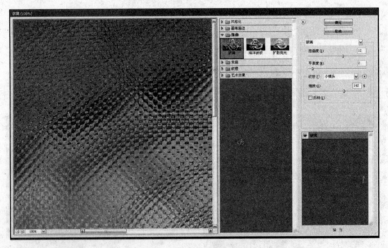

图 10-32　"玻璃"对话框

　　（1）扭曲度：设置纹理扭曲的程度。

　　（2）平滑度：设置图像使用滤镜后的柔和程度。

　　（3）纹理：模拟不同的玻璃类型。

　　（4）缩放：设置纹理的效果大小。

　　（5）反相：设置应用纹理的颜色翻转效果。

　　使用"玻璃"滤镜后的效果如图 10-33 所示。

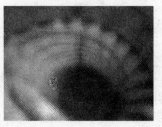

图 10-33　使用"玻璃"滤镜的前后效果

4. "波浪"滤镜

"波浪"滤镜可以使图像生成强烈的波动效果,与"水波"滤镜不同的是,使用"波浪"滤镜可以对波长及振幅进行控制。

该滤镜的对话框(如图 10-34 所示)选项设置如下。

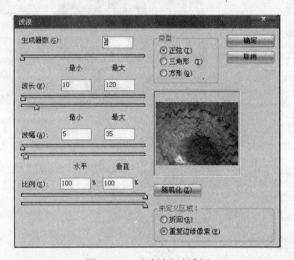

图 10-34　"波浪"对话框

(1)生成器数:设置波浪的数量。

(2)波长:设置波浪的长度。

(3)波幅:设置波浪的振幅。

(4)比例:设置波浪的大小。

(5)类型:设置波浪的形态。

使用"波浪"滤镜后的效果如图 10-35 所示。

图 10-35　使用"波浪"滤镜的前后效果

5."极坐标"滤镜

"极坐标"滤镜可以将选择的区域从平面坐标转换为极坐标,或将选区从极坐标转换为平面坐标,从而产生扭曲变形的图像效果。

该滤镜的对话框(如图10-36所示)选项设置如下。

(1)平面坐标到极坐标:以图像的中心为目标集中图像。

(2)极坐标到平面坐标:通过展开图像的外部,而达到扭曲图像的效果。

使用"极坐标"滤镜后的效果如图10-37所示。

图10-36　"极坐标"对话框

图10-37　使用"极坐标"滤镜的前后效果

6."挤压"滤镜

"挤压"滤镜可以挤压图像或者选定区域内的图像,从而使图像产生挤压褶皱变形的效果。

该滤镜的对话框(如图10-38所示)选项设置如下。

数量:设置变形效果占画面的百分比,数值越大,画面被挤压的效果越明显。

使用"挤压"滤镜后的效果如图10-39所示。

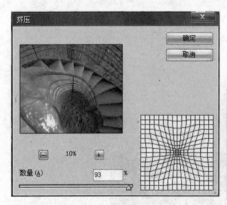

图10-38　"挤压"对话框

图10-39　使用"挤压"滤镜的前后效果

7."水波"滤镜

"水波"滤镜可以使图像生成类似池塘波纹由小到大荡漾开来的效果,该滤镜适用于制作同心圆类的波纹效果。

该滤镜的对话框（如图 10-40 所示）选项设置如下。

（1）数量：设置水波的密度。

（2）起伏：设置水波凸起或凹陷的数量或程度。

（3）样式：设置水波的变形形态。

使用"水波"滤镜后的效果如图 10-41 所示。

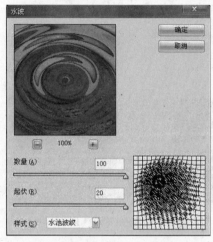

图 10-40 "水波"对话框　　　　图 10-41 使用"水波"滤镜的前后效果

8. "旋转扭曲"滤镜

使用"旋转扭曲"滤镜可以旋转图像，其中心的旋转程度比边缘的旋转程度大，指定角度时可以生成旋转预览。

该滤镜的对话框（如图 10-42 所示）选项设置如下。

角度：设置图像旋转的角度。正负数值分别代表顺时针或逆时针旋转。

使用"旋转扭曲"滤镜后的效果如图 10-43 所示。

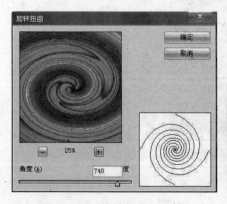

图 10-42 "旋转扭曲"对话框　　　图 10-43 使用"旋转扭曲"滤镜的前后效果

9. "球面化"滤镜

"球面化"滤镜可以在图像的中心产生球形凸起或凹陷的效果,以适合选中的曲线,使对象具有 3D 效果。

该滤镜的对话框(如图 10-44 所示)选项设置如下。

数量:设置图像凸起或凹陷的大小。

使用"球面化"滤镜后的效果如图 10-45 所示。

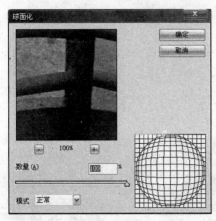

图 10-44　"球面化"对话框　　　　图 10-45　使用"球面化"滤镜的前后效果

10. "海洋波纹"滤镜

"海洋波纹"滤镜用于制作图像被海洋波纹所折射后的效果。

该滤镜的对话框(如图 10-46 所示)选项设置如下。

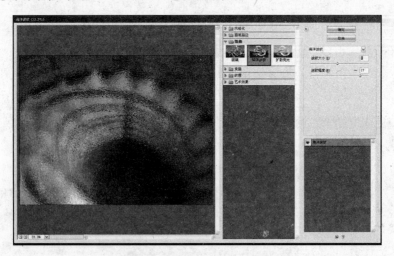

图 10-46　"海洋波纹"对话框

(1)波纹大小:设置海洋波纹效果的大小。

(2)波纹幅度:设置海洋波纹效果的强弱。

使用"海洋波纹"滤镜后的效果如图 10-47 所示。

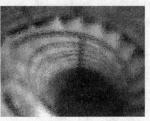

图 10-47　使用"海洋波纹"滤镜的前后效果

11. "切变"滤镜

"切变"滤镜是用曲线形态来使图像变形的效果。

该滤镜的对话框(如图 10-48 所示)选项设置如下。

(1) 曲线窗口:通过编辑曲线来变形图像。

(2) 折回:用图像本身填充图像由于变形而出现空白的区域。

(3) 重复边缘像素:通过增加图像像素的方式填充图像由于变形而出现空白的区域。

使用"切变"滤镜后的效果如图 10-49 所示。

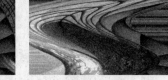

图 10-48　"切变"对话框　　　　　图 10-49　使用"切变"滤镜的前后效果

12. "置换"滤镜

"置换"滤镜是根据选择的 PSD 文件的图像效果来调整原图像的效果的滤镜。

该滤镜的对话框(如图 10-50 所示)选项设置如下。

(1) 水平比例:设置 PSD 文件的长度。

(2) 垂直比例:设置 PSD 文件的宽度。

(3) 置换图:选择目标 PSD 图像的表现方式。

① 伸展以适合:根据原图像的大小设置被作为参照的 PSD 图像的大小。

② 拼贴:不改变作为参照的目标 PSD 图像的大小而直接使用。

（4）未定义区域：选择未被设置区域的表现方式。

① 折回：用图像本身填充图像由于变形而出现空白的区域。

② 重复边缘像素：通过增加图像像素的方式填充图像空白的区域。

使用"置换"滤镜后的效果如图 10-51 所示。

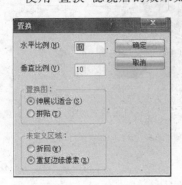

图 10-50　"置换"对话框

图 10-51　使用"置换"滤镜的前后效果

10.2.4　锐化滤镜

1. "USM 锐化"滤镜

使用"USM 锐化"滤镜可以调整图像边缘细节的对比度，并在边缘的每一侧生成一条亮线和一条暗线。该过程将使边缘突出，造成图像更加清晰的错觉。

该滤镜的对话框（如图 10-52 所示）选项设置如下。

（1）数量：设置锐化的程度。

（2）半径：设置锐化的平均范围。

（3）阈值：设置应用在平均颜色上的范围。

使用"USM 锐化"滤镜后的效果如图 10-53 所示。

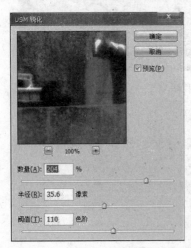

图 10-52　"USM 锐化"对话框

图 10-53　使用"USM 锐化"滤镜的前后效果

2."锐化"滤镜

"锐化"滤镜可以增加相邻像素间的对比度,使图像更加清晰。该滤镜锐化的程度很轻微,如果要得到较为明显的锐化效果,可以使用"进一步锐化"滤镜。

使用"锐化"滤镜后的效果如图 10-54 所示。

图 10-54　使用"锐化"滤镜的前后效果

3."进一步锐化"滤镜

"进一步锐化"滤镜通过增大图像像素之间的反差使图像产生更加清晰的效果,该滤镜效果相当于多次应用"锐化"滤镜的效果。

使用"进一步锐化"滤镜后的效果如图 10-55 所示。

图 10-55　使用"进一步锐化"滤镜的前后效果

4."锐化边缘"滤镜

"锐化边缘"滤镜可以锐化图像的边缘轮廓,使颜色之间的分界比较明显。

使用"锐化边缘"滤镜后的效果如图 10-56 所示。

图 10-56　使用"锐化边缘"滤镜的前后效果

5."智能锐化"滤镜

"智能锐化"滤镜通过设置锐化算法来锐化图像,或者通过控制阴影和高光中的锐化量来锐化图像。

该滤镜的对话框如图 10-57 所示。

图 10-57　"智能锐化"对话框

使用"智能锐化"滤镜后的效果如图 10-58 所示。

图 10-58　使用"智能锐化"滤镜的前后效果

10.2.5　素描滤镜

1."绘图笔"滤镜

"绘图笔"滤镜是通过使用细的、线状的油墨对图像进行描边,从而获取原图像中的细节,产生素描效果。此时前景色用来设置图像的高光部分,背景色用来设置图像的阴影部分。

该滤镜的对话框(如图 10-59 所示)选项设置如下。

(1) 描边长度:设置画笔的长短,数值越大,笔画越长。

(2) 明/暗平衡:设置阴影部分的范围大小。

(3) 描边方向:设置画笔的方向。

使用"绘图笔"滤镜后的效果如图 10-60 所示。

2."水彩画纸"滤镜

"水彩画纸"滤镜可以产生在潮湿的纸上绘画或者墨汁在纸上洇开所生成的效果。

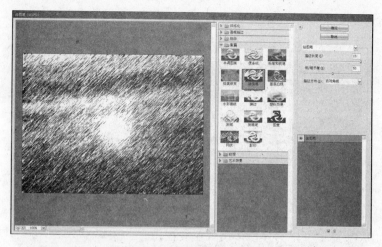

图 10-59　"绘图笔"对话框

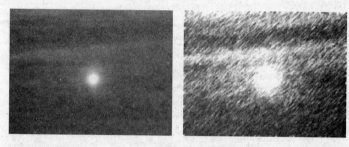

图 10-60　使用"绘图笔"滤镜的前后效果

该滤镜的对话框(如图 10-61 所示)选项设置如下。

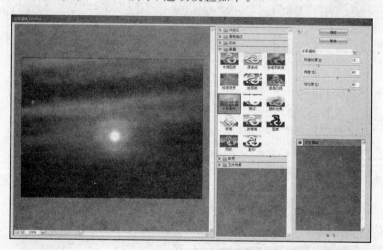

图 10-61　"水彩画纸"对话框.

(1) 纤维长度：设置水分在纸张上的多少程度,数值越大,洇开的效果越明显。

(2) 亮度：设置图像整体的颜色明亮程度。

(3) 对比度：设置图像颜色的对比程度。

使用"水彩画纸"滤镜后的效果如图 10-62 所示。

图 10-62　使用"水彩画纸"滤镜的前后效果

3. "粉笔和炭笔"滤镜

　　"粉笔和炭笔"滤镜可以通过使用前景色设置图像的阴影部分，使用背景色设置图像的高光部分，从而使画面产生类似于粉笔或炭笔在纸上所绘制出来的效果。

　　该滤镜的对话框（如图 10-63 所示）选项设置如下。

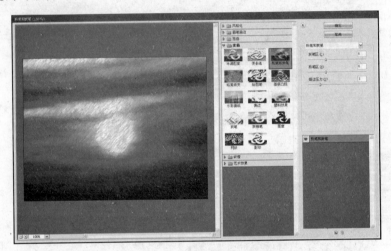

图 10-63　"粉笔和炭笔"对话框

　　（1）炭笔区：设置炭笔的绘画范围。

　　（2）粉笔区：设置粉笔的绘画范围。

　　（3）描边压力：设置画笔线条的浓淡程度。

　　使用"粉笔和炭笔"滤镜后的效果如图 10-64 所示。

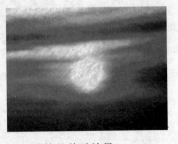

图 10-64　使用"粉笔和炭笔"滤镜的前后效果

4."基底凸现"滤镜

"基底凸现"滤镜可以制作出类似于浮雕的效果,前景色用来设置画面的阴影颜色,背景色用来设置画面中光的颜色。

该滤镜的对话框(如图 10-65 所示)选项设置如下。

图 10-65 "基底凸现"对话框

(1)细节:设置图像的表现细致程度。

(2)平滑度:设置图像的柔和程度。

(3)光照:设置光源的照射方向。

使用"基底凸现"滤镜后的效果如图 10-66 所示。

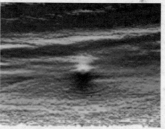

图 10-66 使用"基底凸现"滤镜的前后效果

5."炭笔"滤镜

"炭笔"滤镜可以制作出类似于炭笔绘画的效果,前景色用来设置炭笔的颜色,背景色用来设置画面的颜色。

该滤镜的对话框(如图 10-67 所示)选项设置如下。

(1)炭笔粗细:设置画笔的粗细程度。

(2)细节:设置图像的细腻程度。

(3)明/暗平衡:设置图像阴影的范围大小。

使用"炭笔"滤镜后的效果如图 10-68 所示。

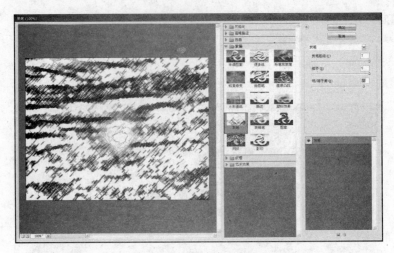

图 10-67　"炭笔"对话框

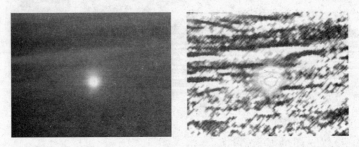

图 10-68　使用"炭笔"滤镜的前后效果

6. "铬黄渐变"滤镜

"铬黄渐变"滤镜可以使图像产生画面高光部分外凸,阴影部分内凹的错觉,制作出类似于金属液体的效果。

该滤镜的对话框(如图 10-69 所示)选项设置如下。

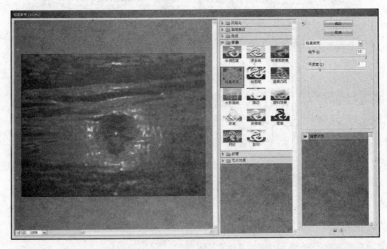

图 10-69　"铬黄渐变"对话框

（1）细节：设置图像的表现细致程度。

（2）平滑度：设置图像的柔和程度。

使用"铬黄渐变"滤镜后的效果如图 10-70 所示。

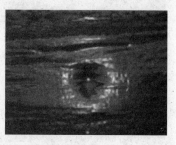

图 10-70　使用"铬黄渐变"滤镜的前后效果

7. "炭精笔"滤镜

"炭精笔"滤镜可以制作出类似于炭精笔的绘画效果，画面的颜色受前背景色影响。该滤镜的对话框（如图 10-71 所示）选项设置如下。

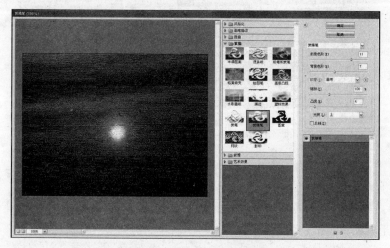

图 10-71　"炭精笔"对话框

（1）前景色阶：设置前景色的颜色级数。

（2）背景色阶：设置背景色的颜色级数。

（3）纹理：设置画笔笔触的种类。

（4）缩放：设置画笔种类的大小。

（5）凸现：设置图像的显现程度。

（6）光照：设置光源的照射方向。

（7）反相：设置图像翻转的颜色效果。

使用"炭精笔"滤镜后的效果如图 10-72 所示。

8. "半调图案"滤镜

"半调图案"滤镜可以制作出网点阵列的打印效果。

图 10-72　使用"炭精笔"滤镜的前后效果

该滤镜的对话框(如图 10-73 所示)选项设置如下。

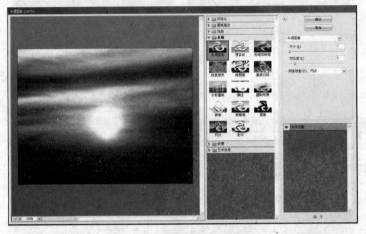

图 10-73　"半调图案"对话框

(1) 大小：设置网点的大小。

(2) 对比度：设置图像颜色的对比程度。

(3) 图案类型：设置网点图案的种类。

使用"半调图案"滤镜后的效果如图 10-74 所示。

图 10-74　使用"半调图案"滤镜的前后效果

9. "便条纸"滤镜

"便条纸"滤镜可以制作出类似于便条纸上图像浮雕或仿木纹的效果。

该滤镜的对话框(如图 10-75 所示)选项设置如下。

(1) 图像平衡：设置图像的阴影大小。

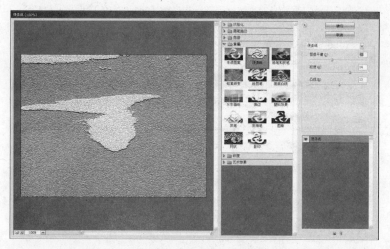

图 10-75　"便条纸"对话框

（2）粒度：设置图像便条纸底纹的效果强度。

（3）凸现：设置便条纸上图像的显现程度。

使用"便条纸"滤镜后的效果如图 10-76 所示。

图 10-76　使用"便条纸"滤镜的前后效果

10."影印"滤镜

"影印"滤镜可以制作出类似于影印机影印出的图像效果，图像颜色有系统提供的 6 种可选。

该滤镜的对话框（如图 10-77 所示）选项设置如下。

（1）细节：设置图像影印效果的细腻程度。

（2）暗度：设置图像影印效果的阴影明暗程度。

使用"影印"滤镜后的效果如图 10-78 所示。

11."塑料效果"滤镜

"塑料效果"滤镜可以制作出类似于塑料材质的立体浮雕图像效果。

该滤镜的对话框（如图 10-79 所示）选项设置如下。

（1）图像平衡：设置图像中阴影部分与高光部分的比例大小。

（2）平滑度：设置图像塑料效果的柔和程度。

（3）光照：设置图像中光源的照射方向。

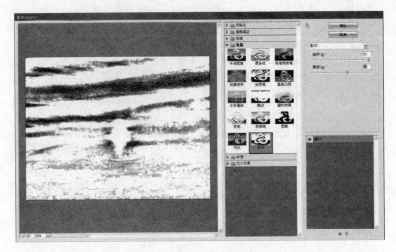

图 10-77 "影印"对话框

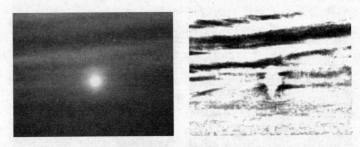

图 10-78 使用"影印"滤镜的前后效果

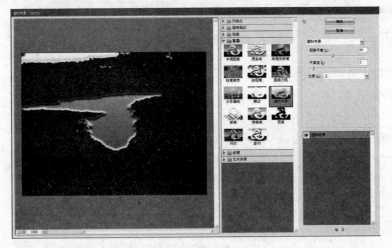

图 10-79 "塑料效果"对话框

使用"塑料效果"滤镜后的效果如图 10-80 所示。

12. "撕边"滤镜

"撕边"滤镜可以制作出纸张边缘被撕掉的效果。

图 10-80　使用"塑料效果"滤镜的前后效果

该滤镜的对话框(如图 10-81 所示)选项设置如下。

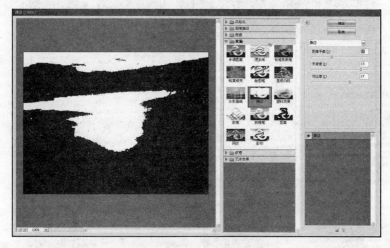

图 10-81　"撕边"对话框

(1) 图像平衡:设置图像中阴影部分与高光部分的比例大小。

(2) 平滑度:设置图像撕边效果的柔和程度。

(3) 对比度:设置图像颜色的对比程度,数值越大,图像越清晰。

使用"撕边"滤镜后的效果如图 10-82 所示。

图 10-82　使用"撕边"滤镜的前后效果

13."网状"滤镜

"网状"滤镜可以制作出图像网点的效果,前背景色决定着画面及网点的颜色。

该滤镜的对话框(如图 10-83 所示)选项设置如下。

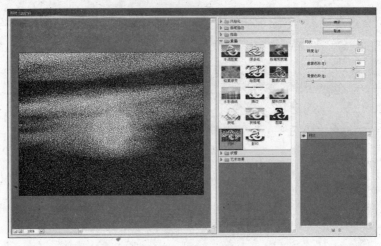

图 10-83　"网状"对话框

（1）浓度：设置图像中网点部分的紧密程度。

（2）前景色阶：设置图像前景色的颜色范围大小。

（3）背景色阶：设置图像背景色的颜色范围大小。

使用"网状"滤镜后的效果如图 10-84 所示。

 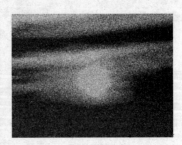

图 10-84　使用"网状"滤镜的前后效果

14. "图章"滤镜

"图章"滤镜可以制作出类似于普通图章的画面效果。

该滤镜的对话框（如图 10-85 所示）选项设置如下。

（1）明/暗平衡：设置图像阴影的范围大小。

（2）平滑度：设置图像图章效果的柔和程度。

使用"图章"滤镜后的效果如图 10-86 所示。

10.2.6　纹理滤镜

1. "龟裂缝"滤镜

"龟裂缝"滤镜可以将浮雕效果和某种爆裂效果相结合，产生凹凸不平的裂纹。

该滤镜的对话框（如图 10-87 所示）选项设置如下。

（1）裂缝间距：设置龟裂的间隔大小。

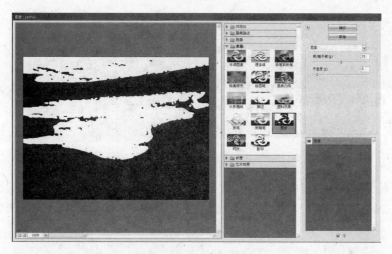

图 10-85　"图章"对话框

图 10-86　使用"图章"滤镜的前后效果

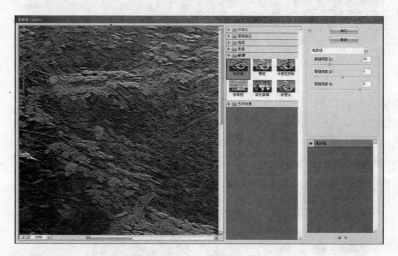

图 10-87　"龟裂缝"对话框

（2）裂缝深度：设置龟裂的深度。

（3）裂缝亮度：设置龟裂的亮度。

使用"龟裂缝"滤镜后的效果如图 10-88 所示。

图 10-88　使用"龟裂缝"滤镜的前后效果

2. "颗粒"滤镜

"颗粒"滤镜可以使用不同的颗粒类型在图像中添加不同的杂点效果。颗粒类型包括常规、柔和、喷洒、结块、强反差、扩大、水平、垂直和斑点等。

该滤镜对话框（如图 10-89 所示）选项设置如下。

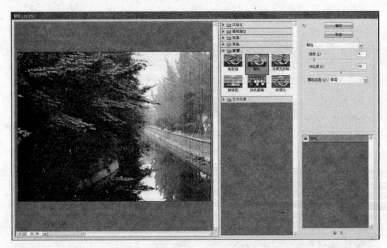

图 10-89　"颗粒"对话框

（1）强度：设置颗粒的密度。

（2）对比度：设置杂点的颜色对比值。

（3）颗粒类型：设置应用颗粒的效果。

使用"颗粒"滤镜后的效果如图 10-90 所示。

图 10-90　使用"颗粒"滤镜的前后效果

3."拼缀图"滤镜

"拼缀图"滤镜可以将图像分解为若干个正方形,这些正方形是用图像中该区域的主色填充的。可以制作出类似于瓷砖拼缀的效果。

该滤镜对话框(如图 10-91 所示)选项设置如下。

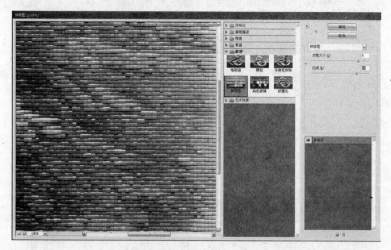

图 10-91　"拼缀图"对话框

(1) 方形大小:设置方形网格的大小。

(2) 凸现:设置方形网格的凸出程度,以表现图像的立体感。

使用"拼缀图"滤镜后的效果如图 10-92 所示。

图 10-92　使用"拼缀图"滤镜的前后效果

4."染色玻璃"滤镜

"染色玻璃"滤镜可以将图像重新绘制为彩色玻璃的模拟效果,生成的玻璃之间的缝隙图像将用前景色填充。

该滤镜对话框(如图 10-93 所示)选项设置如下。

(1) 单元格大小:设置网格的大小。

(2) 边框粗细:设置边线的粗细。

(3) 光照强度:设置光照的强弱。

使用"染色玻璃"滤镜后的效果如图 10-94 所示。

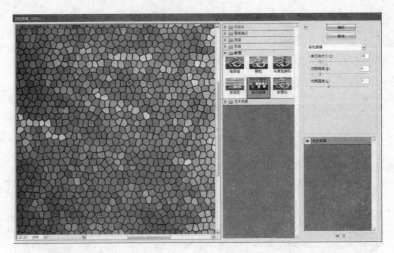

图 10-93 "染色玻璃"对话框

图 10-94 使用"染色玻璃"滤镜的前后效果

5. "马赛克拼贴"滤镜

"马赛克拼贴"滤镜可以将画面分割成若干小块,并在小块之间增加深色的缝隙,制作出不同形状的马赛克瓷砖效果。

该滤镜对话框(如图 10-95 所示)选项设置如下。

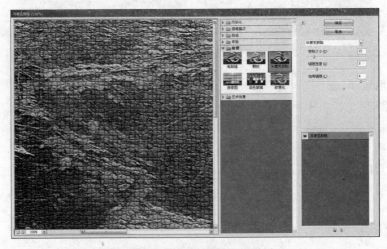

图 10-95 "马赛克拼贴"对话框

（1）拼贴大小：设置马赛克的大小。

（2）缝隙宽度：设置拼贴图形之间的宽度。

（3）加亮缝隙：设置拼贴图形之间缝隙的亮度。

使用"马赛克拼贴"滤镜后的效果如图 10-96 所示。

图 10-96　使用"马赛克拼贴"滤镜的前后效果

6."纹理化"滤镜

"纹理化"滤镜可以将选择或创建的纹理应用于图像，以表现出不同类型的纹理质感。

该滤镜对话框（如图 10-97 所示）选项设置如下。

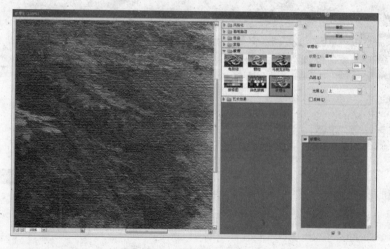

图 10-97　"纹理化"对话框

（1）纹理：设置纹理的种类。

（2）缩放：设置纹理的大小。

（3）凸现：设置纹理的扭曲程度。

（4）光照：设置光照的方向。

（5）反相：翻转纹理的效果。

使用"纹理化"滤镜后的效果如图 10-98 所示。

图 10-98   使用"纹理化"滤镜的前后效果

10.2.7   像素化滤镜

1."彩块化"滤镜

"彩块化"滤镜可使纯色和相近的像素结成相近颜色的像素块,使用该滤镜可以使扫描的图像看起来像手绘图像的效果。

使用"彩块化"滤镜后的效果如图 10-99 所示。

图 10-99   使用"彩块化"滤镜的前后效果

2."彩色半调"滤镜

"彩色半调"滤镜是通过在图像的每个通道上使用放大的半调网屏效果而改变画面的特殊效果。对于每个通道,该滤镜均将图像划分为矩形,并用圆形阵列形式替换每个矩形。圆形阵列的大小与矩形的亮度成比例。

该滤镜对话框(如图 10-100 所示)选项设置如下。

(1) 最大半径:设置网点的大小。

(2) 网角:设置各个通道的网点角度。

使用"彩色半调"滤镜后的效果如图 10-101 所示。

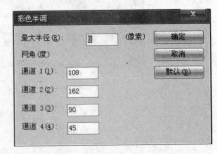

图 10-100   "彩色半调"对话框

3."晶格化"滤镜

"晶格化"滤镜可以使像素以结块形式显示,形成多边形纯色色块。

该滤镜对话框(如图 10-102 所示)选项设置如下。

单元格大小:设置多边形的大小。

使用"晶格化"滤镜后的效果如图 10-103 所示。

图 10-101 使用"彩色半调"滤镜的前后效果

图 10-102 "晶格化"对话框

图 10-103 使用"晶格化"滤镜的前后效果

4. "点状化"滤镜

"点状化"滤镜可将图像中的颜色分解为随机分布的网点,并使用背景色作为网点之间的画布区域颜色,以产生点彩画的效果。

该滤镜对话框(如图 10-104 所示)选项设置如下。

单元格大小:设置点状的大小。

使用"点状化"滤镜后的效果如图 10-105 所示。

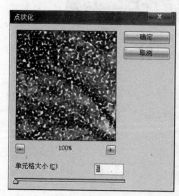 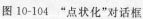

图 10-104 "点状化"对话框   图 10-105 使用"点状化"滤镜的前后效果

5. "碎片"滤镜

"碎片"滤镜可以将图像中的像素复制并进行平移,使图像产生一种不聚焦的模糊效果。

使用"碎片"滤镜后的效果如图 10-106 所示。

图 10-106　使用"碎片"滤镜的前后效果

6. "铜版雕刻"滤镜

"铜版雕刻"滤镜可以将图像转换为黑白区域的随机图案或彩色图像中完全饱和颜色的随机图案,以制作出类似于铜版雕刻的效果。

该滤镜对话框(如图 10-107 所示)选项设置如下。

类型:选择通过点或线构成图像,即铜版雕刻的手法。

使用"铜版雕刻"滤镜后的效果如图 10-108 所示。

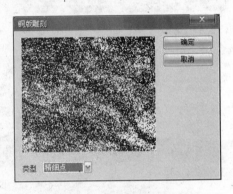

图 10-107　"铜版雕刻"对话框

图 10-108　使用"铜版雕刻"滤镜的前后效果

图 10-109　"马赛克"对话框

7. "马赛克"滤镜

"马赛克"滤镜可以使图像像素明显化,制作出明显的类似于马赛克的效果。

该滤镜对话框(如图 10-109 所示)选项设置如下。

单元格大小:设置每个"马赛克"的个体大小,取值范围为 2~64。

使用"马赛克"滤镜后的效果如图 10-110 所示。

图 10-110　使用"马赛克"滤镜的前后效果

10.2.8　渲染滤镜

1. "云彩"滤镜

"云彩"滤镜是随机制作出类似于云彩形态的图像,其画面颜色受前、背景色影响。
使用"云彩"滤镜后的效果如图 10-111 所示。

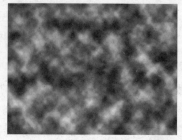

图 10-111　使用"云彩"滤镜的前后效果

2. "分层云彩"滤镜

"分层云彩"滤镜使用介于前景色与背景色之间的颜色值随机生成云彩图案。使用
"分层云彩"滤镜时,图像中某些部分会被反相为云彩图案。

使用"分层云彩"滤镜后的效果如图 10-112 所示。

图 10-112　"分层云彩"滤镜的前后效果

3. "纤维"滤镜

"纤维"滤镜是在图像上制作出类似于纤维材质的效果,其画面颜色受前背景色影响。
该滤镜对话框(如图 10-113 所示)选项设置如下。

（1）差异：设置纤维材质数量的多少。

（2）强度：设置纤维材质的表现强度。

使用"纤维"滤镜后的效果如图 10-114 所示。

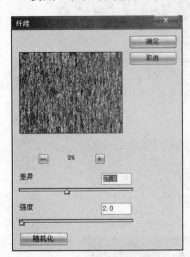

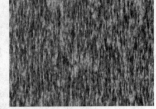

图 10-113　"纤维"对话框　　　　　　图 10-114　　使用"纤维"滤镜的前后效果

4. "光照效果"滤镜

"光照效果"滤镜允许对图像应用不同的光源、灯光类型和灯光特效等特殊效果，使画面具有使用光照之后的明暗阴影效果。滤镜的使用将有助于增加图像景深和聚光区，还可以改变基调。

该滤镜对话框（如图 10-115 所示）选项设置如下。

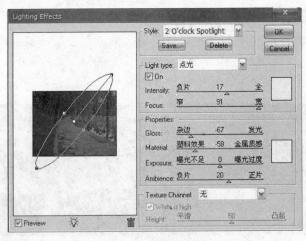

图 10-115　"光照效果"对话框

（1）样式：设置滤镜上使用的多种照明样式。

（2）光照类型：设置光照的类型，如点光、平行光、全光源。

① 强度：设置照明的亮度。

② 聚焦：设置照明的范围。

（3）属性：设置照明的属性。

① 光泽：设置在光照的反射程度。

② 材料：设置光的质感。

③ 曝光度：设置图像在光源照射下的曝光程度。

④ 环境：设置图像的环境光。

（4）纹理通道：设置利用通道制作出的效果。

（5）在左侧窗口中可以手动设置光源的位置、光照方向、光照范围等信息。

使用"光照效果"滤镜后的效果如图 10-116 所示。

图 10-116　使用"光照效果"滤镜的前后效果

5. "镜头光晕"滤镜

"镜头光晕"滤镜可以模拟亮光照射到相机镜头所产生的反射光效果。

该滤镜对话框（如图 10-117 所示）选项设置如下。

（1）亮度：设置光晕中心的亮度，取值范围为 10～300。

（2）镜头类型：设置光晕产生于哪一种相机镜头。

（3）在上面窗口中可以通过单击或移动的方式来设置光晕中心的位置。

使用"镜头光晕"滤镜后的效果如图 10-118 所示。

图 10-117　"镜头光晕"对话框

图 10-118　使用"镜头光晕"滤镜的前后效果

10.2.9　艺术效果滤镜

1.“壁画”滤镜

“壁画”滤镜是通过在图像的边缘添加黑色，并增加反差的饱和度，从而使图像产生古壁画的效果。

该滤镜的对话框（如图 10-119 所示）选项设置如下。

图 10-119　“壁画”对话框

（1）画笔大小：设置画笔的粗细程度。

（2）画笔细节：设置画笔表现的细腻程度。

（3）纹理：设置画笔的笔触纹理。

使用“壁画”滤镜后的效果如图 10-120 所示。

图 10-120　使用“壁画”滤镜的前后效果

2.“粗糙蜡笔”滤镜

“粗糙蜡笔”滤镜可以使图像产生用彩色蜡笔在带有纹理的背景上描边的绘画效果。

该滤镜的对话框（如图 10-121 所示）选项设置如下。

（1）描边长度：设置画笔笔画的长短。

（2）描边细节：设置画笔笔画的细致程度。

（3）纹理：设置画笔的笔触纹理。

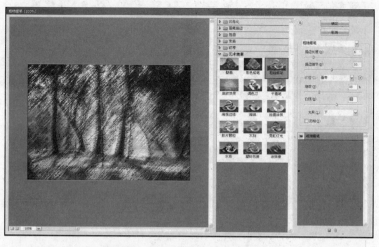

图 10-121　"粗糙蜡笔"对话框

（4）缩放：设置笔触纹理的大小。

（5）凸现：设置滤镜的显现程度。

（6）光照：设置光源的照射方向。

（7）反相：设置图像颜色的翻转效果。

使用"粗糙蜡笔"滤镜后的效果如图 10-122 所示。

图 10-122　使用"粗糙蜡笔"滤镜的前后效果

3．"彩色铅笔"滤镜

"彩色铅笔"滤镜是模拟各种颜色的铅笔在纯色背景上绘制图像的效果。绘制过程中，重要边缘被保留，外观以粗糙阴影状态显示，纯色背景色透过较平滑的区域显示出来。

该滤镜的对话框（如图 10-123 所示）选项设置如下。

（1）铅笔宽度：设置铅笔的粗细程度。

（2）描边压力：设置铅笔线条的强度。

（3）纸张亮度：设置图像的明亮程度。

使用"彩色铅笔"滤镜后的效果如图 10-124 所示。

4．"底纹效果"滤镜

"底纹效果"滤镜可以在带有纹理的背景上绘制图像，然后将最终图像绘制在原图像上。

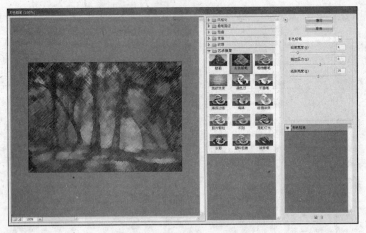

图 10-123　"彩色铅笔"对话框

图 10-124　使用"彩色铅笔"滤镜的前后效果

该滤镜的对话框(如图 10-125 所示)选项设置如下。

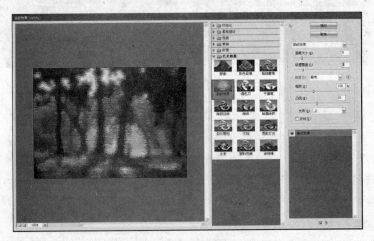

图 10-125　"底纹效果"对话框

(1) 画笔大小：设置画笔的粗细程度。

(2) 纹理覆盖：设置滤镜在图像中的应用范围。

(3) 纹理：设置画笔的笔触纹理。

使用"底纹效果"滤镜后的效果如图 10-126 所示。

图 10-126　使用"底纹效果"滤镜的前后效果

5. "调色刀"滤镜

"调色刀"滤镜的功能类似于用油画刀绘制图像的效果,其结果会减少原图像的细节。

该滤镜的对话框(如图 10-127 所示)选项设置如下。

图 10-127　"调色刀"对话框

(1) 描边大小:设置图像轮廓的清晰程度。

(2) 描边细节:设置图像的细致程度。

(3) 软化度:设置图像边线的清晰程度。

使用"调色刀"滤镜后的效果如图 10-128 所示。

图 10-128　使用"调色刀"滤镜的前后效果

6."海报边缘"滤镜

"海报边缘"滤镜可以按照用户设置减少图像中的颜色数目,并通过在图像边缘绘制黑线来表现类似于海报的效果。

该滤镜的对话框(如图 10-129 所示)选项设置如下。

图 10-129　"海报边缘"对话框

(1)边缘厚度:设置图像轮廓的粗细程度。

(2)边缘强度:设置图像轮廓颜色的深浅程度。

(3)海报化:设置海报效果的强烈程度。

使用"海报边缘"滤镜后的效果如图 10-130 所示。

图 10-130　使用"海报边缘"滤镜的前后效果

7."海绵"滤镜

"海绵"滤镜用颜色对比度强、纹理较重的区域绘制图像,生成类似于在海绵表面沾上颜色后放置于图像上所产生的效果。

该滤镜的对话框(如图 10-131 所示)选项设置如下。

(1)画笔大小:设置画笔的粗细程度。

(2)清晰度:设置图像的清晰程度。

(3)平滑度:设置海绵效果的细腻程度。

使用"海绵"滤镜后的效果如图 10-132 所示。

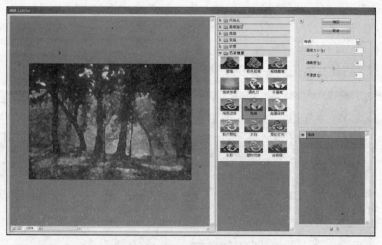

图 10-131　"海绵"对话框

图 10-132　使用"海绵"滤镜的前后效果

8．"干画笔"滤镜

"干画笔"滤镜主要用于表现类似于使用干的画笔描绘画面的效果。

该滤镜的对话框（如图 10-133 所示）选项设置如下。

图 10-133　"干画笔"对话框

（1）画笔大小：设置画笔的粗细程度。

（2）画笔细节：设置画笔笔触的细致程度。

（3）纹理：设置画笔的笔触纹理。

使用"干画笔"滤镜后的效果如图 10-134 所示。

图 10-134　使用"干画笔"滤镜的前后效果

9."水彩"滤镜

"水彩"滤镜通过简化图像的细节，用饱和图像的颜色改变图像边界的色调，使其产生一种类似于水彩的图像效果。

该滤镜的对话框（如图 10-135 所示）选项设置如下。

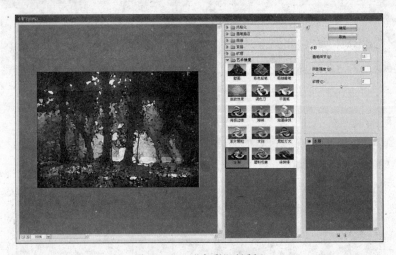

图 10-135　"水彩"对话框

（1）画笔细节：设置画笔笔触的细腻程度。

（2）阴影强度：设置图像边缘的深色范围。

（3）纹理：设置画笔的笔触纹理。

使用"水彩"滤镜后的效果如图 10-136 所示。

10."霓虹灯光"滤镜

"霓虹灯光"滤镜是通过强化图像轮廓，从而产生为图像添加类似霓虹灯的发光效果。

该滤镜的对话框（如图 10-137 所示）选项设置如下。

（1）发光大小：设置霓虹灯效果的大小范围。

图 10-136　使用"水彩"滤镜的前后效果

图 10-137　"霓虹灯光"对话框

（2）发光亮度：设置霓虹灯光的明亮程度。

（3）发光颜色：设置霓虹灯光的颜色。

使用"霓虹灯光"滤镜后的效果如图 10-138 所示。

图 10-138　使用"霓虹灯光"滤镜的前后效果

11."木刻"滤镜

"木刻"滤镜的主要作用是处理由计算机绘制的图像，隐藏计算机的加工痕迹，使图像看起来更接近人工创作效果。

该滤镜的对话框（如图 10-139 所示）选项设置如下。

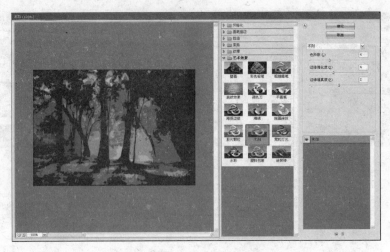

图 10-139　"木刻"对话框

（1）色阶数：设置图像上的颜色级别。

（2）边缘简化度：设置画笔线条的繁简程度。

（3）边缘逼真度：设置画笔轮廓的细致程度。

使用"木刻"滤镜后的效果如图 10-140 所示。

图 10-140　使用"木刻"滤镜的前后效果

12. "涂抹棒"滤镜

"涂抹棒"滤镜是使用短的黑色线条涂抹图像的暗部，以柔化图像所产生的画面效果。该效果会使亮区变得更亮，但会失去部分图像细节。

该滤镜的对话框（如图 10-141 所示）选项设置如下。

（1）描边长度：设置画笔的线条长度。

（2）高光区域：设置高光部分的大小范围。

（3）强度：设置涂抹的细腻程度。

使用"涂抹棒"滤镜后的效果如图 10-142 所示。

13. "胶片颗粒"滤镜

"胶片颗粒"滤镜是通过在画面增加颗粒、划痕等，使图像制作出类似于老电影、老照片的效果。

该滤镜的对话框（如图 10-143 所示）选项设置如下。

图 10-141　"涂抹棒"对话框

图 10-142　使用"涂抹棒"滤镜的前后效果

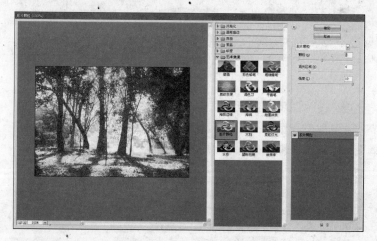

图 10-143　"胶片颗粒"对话框

（1）颗粒：设置图像上颗粒的多少。

（2）高光区域：设置高光部分的大小范围。

（3）强度：设置图像的饱和程度。

使用"胶片颗粒"滤镜后的效果如图 10-144 所示。

图 10-144　使用"胶片颗粒"滤镜的前后效果

14. "塑料包装"滤镜

"塑料包装"滤镜可以制作出类似于物体表面被塑料遮盖的效果,可用于为画面添加柔和光泽的效果。

该滤镜的对话框(如图 10-145 所示)选项设置如下。

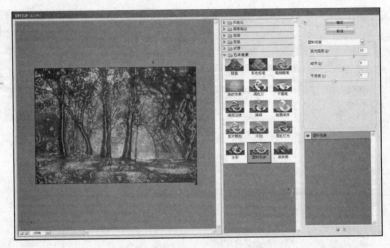

图 10-145　"塑料包装"对话框

(1) 高光强度:设置图像表面反光的强度。

(2) 细节:设置塑料表面效果的细腻程度。

(3) 平滑度:设置图像塑料效果的柔和程度。

使用"塑料包装"滤镜后的效果如图 10-146 所示。

图 10-146　使用"塑料包装"滤镜的前后效果

15. "绘画涂抹"滤镜

"绘画涂抹"滤镜可以制作出多种类似于手绘的效果。

该滤镜的对话框(如图 10-147 所示)选项设置如下。

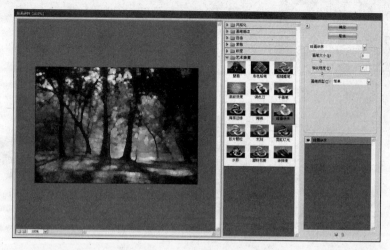

图 10-147　"绘画涂抹"对话框

(1) 画笔大小：设置画笔的粗细程度。

(2) 锐化程度：设置画笔的锋利程度。

(3) 画笔类型：设置不同的画笔种类。

使用"绘画涂抹"滤镜后的效果如图 10-148 所示。

图 10-148　使用"绘画涂抹"滤镜的前后效果

10.2.10　杂色滤镜

1. "添加杂色"滤镜

"添加杂色"滤镜可在图像中应用随机图像产生颗粒效果,以使画面显得陈旧。

该滤镜对话框(如图 10-149 所示)选项设置如下。

(1) 数量：设置杂点添加的多少。

(2) 分布：设置杂点的分散形态。

① 平均分布：将杂点在一定面积内平均生成。

② 高斯分布：将杂点在一定面积内随意生成。

（3）单色：设置添加杂点的颜色。

使用"添加杂色"滤镜后的效果如图 10-150 所示。

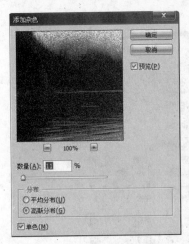
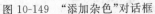

图 10-149　"添加杂色"对话框

图 10-150　使用"添加杂色"滤镜的前后效果

2. "减少杂色"滤镜

"减少杂色"滤镜可以减少在弱光或高 ISO 值情况下拍摄的照片中的粒状噪点，以及移除 JPEG 格式的图像压缩时产生的噪点。

该滤镜的对话框（如图 10-151 所示）选项设置如下。

图 10-151　"减少杂色"对话框

（1）强度：设置杂点减少的程度。

（2）保留细节：设置画面细节的保留程度比例。

（3）减少杂色：设置杂点减少色差的强度。

（4）锐化细节：设置为恢复微笑细节而应用锐化的程度。

（5）移去 JPEG 不自然感：选择是否去除因 JPEG 压缩而产生的画面不自然。

使用"减少杂色"滤镜后的效果如图 10-152 所示。

图 10-152　使用"减少杂色"滤镜的前后效果

3. "去斑"滤镜

"去斑"滤镜用于检测图像的边缘，模糊并去除边缘外的所有选区。使用该滤镜可以去除图像中的杂色，同时保留原图像的细节，从而使画面变得清晰。

使用"去斑"滤镜后的效果如图 10-153 所示。

图 10-153　"去斑"滤镜的前后效果

4. "蒙尘与划痕"滤镜

"蒙尘与划痕"滤镜是通过删除图像上的灰尘、瑕疵等，或删除图像轮廓以外的部分杂点，从而使画面变得更加细腻柔和。

该滤镜的对话框（如图 10-154 所示）选项设置如下。

（1）半径：设置与像素相似颜色的范围大小。

（2）阈值：设置应用在中间颜色上的像素范围。

使用"蒙尘与划痕"滤镜后的效果如图 10-155所示。

5. "中间值"滤镜

"中间值"滤镜可以通过图像的平均颜色值去

图 10-154　"蒙尘与划痕"对话框

图 10-155　使用"蒙尘与划痕"滤镜的前后效果

除杂点，而使画面达到更加柔和的效果。

该滤镜的对话框（如图 10-156 所示）选项设置如下。

半径：设置与像素相似颜色的范围大小。

使用"中间值"滤镜后的效果如图 10-157 所示。

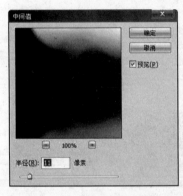

图 10-156　"中间值"对话框   图 10-157　使用"中间值"滤镜的前后效果

10.2.11　画笔描边滤镜

1."成角的线条"滤镜

"成角的线条"滤镜可以通过一定角度的线条，表现出绘画的效果。

该滤镜的对话框（如图 10-158 所示）选项设置如下。

（1）方向平衡：设置画笔的应用方向。

（2）描边长度：设置画笔笔触的长短。

（3）锐化程度：设置画笔的锋利程度。

使用"成角的线条"滤镜后的效果如图 10-159 所示。

2."墨水轮廓"滤镜

"墨水轮廓"滤镜可以制作出类似于钢笔描绘图像轮廓的效果。

该滤镜的对话框（如图 10-160 所示）选项设置如下。

（1）描边长度：设置画笔笔触的长短。

（2）深色强度：设置画笔笔画的深浅程度。

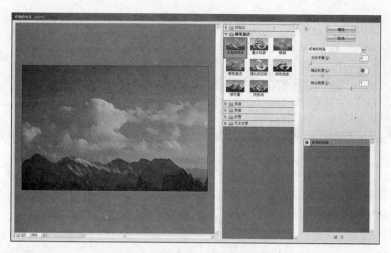

图 10-158　"成角的线条"对话框

图 10-159　使用"成角的线条"滤镜的前后效果

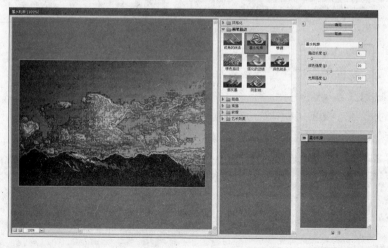

图 10-160　"墨水轮廓"对话框

（3）光照强度：设置图像中亮部的范围大小。

使用"墨水轮廓"滤镜后的效果如图 10-161 所示。

图 10-161　使用"墨水轮廓"滤镜的前后效果

3. "深色线条"滤镜

"深色线条"滤镜可以通过不同的画笔长度，表现图像中的阴影部分。

该滤镜的对话框（如图 10-162 所示）选项设置如下。

图 10-162　"深色线条"对话框

（1）平衡：设置图像中深色线条效果的应用范围。

（2）黑色强度：设置图像中的暗部范围。

（3）白色强度：设置图像中的亮部范围。

使用"深色线条"滤镜后的效果如图 10-163 所示。

图 10-163　使用"深色线条"滤镜的前后效果

4. "强化的边缘"滤镜

"强化的边缘"滤镜可以通过强调图像的边缘,制作出颜色对比强烈的画面效果。

该滤镜的对话框(如图 10-164 所示)选项设置如下。

图 10-164　"强化的边缘"对话框

(1) 边缘宽度:设置图像边缘的宽窄程度。

(2) 边缘亮度:设置图像边缘的明亮程度。

(3) 平滑度:设置图像应用滤镜的柔和效果。

使用"强化的边缘"滤镜后的效果如图 10-165 所示。

图 10-165　使用"强化的边缘"滤镜的前后效果

5. "喷色描边"滤镜

"喷色描边"滤镜可以制作出使用喷笔描绘图像边缘的效果。

该滤镜的对话框(如图 10-166 所示)选项设置如下。

(1) 描边长度:设置画笔笔画的长短。

(2) 喷色半径:设置画笔笔画的大小。

(3) 描边方向:设置画笔描绘的走向。

使用"喷色描边"滤镜后的效果如图 10-167 所示。

6. "喷溅"滤镜

"喷溅"滤镜可以制作出比喷色描边更强烈的喷洒效果,也可以制作出类似于纸张被

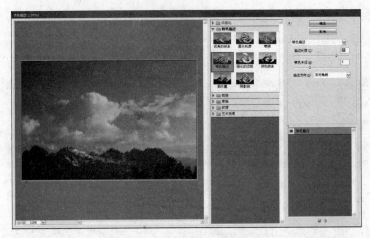

图 10-166　"喷色描边"对话框

图 10-167　使用"喷色描边"滤镜的前后效果

撕裂的效果。

该滤镜的对话框(如图 10-168 所示)选项设置如下。

图 10-168　"喷溅"对话框

(1) 喷色半径：设置画笔笔画的大小。

(2) 平滑度：设置图像喷溅效果的柔和程度。

使用"喷溅"滤镜后的效果如图 10-169 所示。

图 10-169　使用"喷溅"滤镜的前后效果

7．"阴影线"滤镜

"阴影线"滤镜可以制作出类似于铅笔草图的线条效果。

该滤镜的对话框（如图 10-170 所示）选项设置如下。

图 10-170　"阴影线"对话框

（1）描边长度：设置画笔笔触的长短。

（2）锐化程度：设置画笔笔画的锋利程度。

（3）强度：设置画笔笔画的强弱程度。

使用"阴影线"滤镜后的效果如图 10-171 所示。

图 10-171　使用"阴影线"滤镜的前后效果

8."烟灰墨"滤镜

"烟灰墨"滤镜可以制作出类似于木炭或者墨水描绘图像的效果。

该滤镜的对话框(如图 10-172 所示)选项设置如下。

图 10-172 "烟灰墨"对话框

(1) 描边宽度:设置画笔笔画的宽窄程度。

(2) 描边压力:设置画笔笔画的压力深浅程度。

(3) 对比度:设置图像中明暗颜色的对比程度。

使用"烟灰墨"滤镜后的效果如图 10-173 所示。

图 10-173 使用"烟灰墨"滤镜的前后效果

10.2.12 视频滤镜

1."逐行"滤镜

"逐行"滤镜可以将图像修改为适合在影视作品中使用的图像。

该滤镜的对话框(如图 10-174 所示)选项设置如下。

(1) 奇数场:用于删除水平扫描线中奇数的扫描线。

(2) 偶数场:用于删除水平扫描线中偶数的扫描线。

(3) 复制:通过将被删除的像素周围的像素复制并进

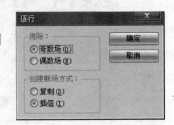

图 10-174 "逐行"对话框

行填充。

（4）插值：通过将被删除像素周围的像素增加后进行填充。

使用"逐行"滤镜后的效果如图 10-175 所示。

2．"NTSC 颜色"滤镜

"NTSC 颜色"滤镜可以将图像制作成如电视影像中的图像颜色效果。

图 10-175　使用"逐行"滤镜的前后效果

10.2.13　其他滤镜

1．"高反差保留"滤镜

"高反差保留"滤镜是通过调整图像的亮度，降低图像阴影部分的饱和度，从而调整图像的效果。

该滤镜的对话框如图 10-176 所示。

使用"高反差保留"滤镜后的效果如图 10-177 所示。

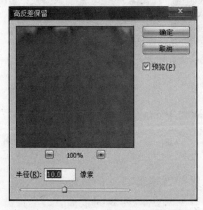

图 10-176　"高反差保留"对话框　　　　图 10-177　使用"高反差保留"滤镜的前后效果

2．"最大值"滤镜

"最大值"滤镜是利用图像中高光部分的颜色像素来替换图像边缘的一种效果。

该滤镜的对话框如图 10-178 所示。

使用"最大值"滤镜后的效果如图 10-179 所示。

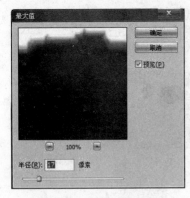

图 10-178 "最大值"对话框

图 10-179 使用"最大值"滤镜的前后效果

3. "最小值"滤镜

"最小值"滤镜是利用图像中阴影部分的颜色像素来替换图像边缘的一种效果。

该滤镜的对话框如图 10-180 所示。

使用"最小值"滤镜后的效果如图 10-181 所示。

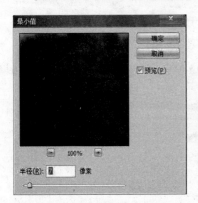

图 10-180 "最小值"对话框

图 10-181 使用"最小值"滤镜的前后效果

4. "位移"滤镜

"位移"滤镜是图像通过水平和垂直两个方向进行位置上的移动所产生的一种效果。

图 10-182 "位移"对话框

该滤镜的对话框(如图 10-182 所示)选项设置如下。

(1)水平：设置图像横向移动的数值。

(2)垂直：设置图像纵向移动的数值。

(3)未定义区域：选择画面中没有被设置的区域的表现方式。

① 设置为背景：用背景色填充区域。

② 重复边缘像素：重复使用画面像素填充区域。

③ 折回：使用超出画面的图像填充区域。

使用"位移"滤镜后的效果如图 10-183 所示。

图 10-183 使用"位移"滤镜的前后效果

10.3 Digimarc 滤镜

1."嵌入水印"滤镜

"嵌入水印"滤镜是通过在图像上嵌入作者相关信息从而达到保护作品不受侵权伤害的途径。

该滤镜的对话框（如图 10-184 所示）选项设置如下。

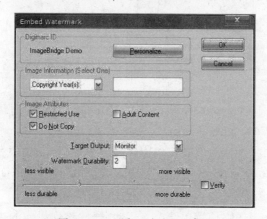

图 10-184 "嵌入水印"对话框

（1）Digimarc 标识号：独有的 ID 号码,可通过连接网络申请获得。

（2）图像信息：设置图像的相关信息。

（3）图像属性：设置图像的相关属性。

① 限制的使用：设置使用中受到的相关限制。

② 请勿复制：设置图像禁止复制处理。

③ 成人内容：设置图像属于成人专属的相关内容。

（4）目标输出：设置图像的输出形态。

（5）水印耐久性：设置水印信息的显示耐久强度。

2.　"读取水印"滤镜

"读取水印"滤镜用于查看图像中是否设置有相关水印信息。

10.4　抽出与液化

1.　"抽出"滤镜

"抽出"滤镜通常是在对人物或者动物或者图像中的某个单独的元素进行选择后，并重新与其他图像进行合成处理的平面创意设计时，常被使用到的一个滤镜。

该滤镜的对话框（如图 10-185 所示）选项设置如下。

图 10-185　"抽出"对话框

　　（1）边缘高光器：用于勾画被单独选择物体或图像元素的边缘部分，被勾画出的边缘会呈现高亮度效果。

　　（2）填充工具：用于物体或图像元素边缘被勾画出以后，填充边缘内部，也就是被选定的图像元素内部的一种工具，有点类似于油漆桶工具的原理，不同的是填充的部分会被作为选择即提取区域被确定。

　　（3）橡皮擦工具：用于在使用边缘高光器时，删除被误操作的边线部分。

　　（4）吸管工具：用于需要吸取图像元素内部颜色作为前景色时。该工具只有在选中了"强制前景"复选框时才可以使用。

　　（5）清除工具：用于清除被选择元素区域内的抠出痕迹。该工具只有在单击了"预览"按钮后才可以使用。

　　（6）边线修饰工具：用于修饰被选择元素的边线部分。

　　（7）缩放工具：用于对物体或图像元素进行精确选择时，放大或者缩小图像显示。

　　（8）抓手工具：用于对放大的图像进行移动。

　　（9）对话框右侧的工具选项：用于设置边缘高光器的画笔大小和高光颜色，以及填充颜色等。

（10）抽出：用于调整被选择物体或图像元素的柔和程度。

（11）预览：用于设置是否在画面中显示边缘高光器和填充工具在使用时的即时效果。

使用"抽出"滤镜后的效果如图 10-186 所示。

图 10-186　使用"抽出"滤镜的前后及新的图像合成效果

2."液化"滤镜

"液化"滤镜主要应用于对数码相片的后期处理，如局部造型的调整美化、修整皮肤质感等。也可以模仿制作一些特殊材质的效果，如丝绸。还可以用于对图像进行戏剧化卡通化效果的处理，使图像具有更夸张的艺术效果，是 Photoshop 中比较常用也比较有趣的一个滤镜。

该滤镜的对话框（如图 10-187 所示）选项设置如下。

图 10-187　"液化"对话框

（1）向前变形工具：用于按照鼠标运行方向推动图像元素从而造成变形。

（2）重建工具：用于恢复被变形的图像元素。

（3）顺时针旋转扭曲工具：用于按照顺时针方向旋转图像元素从而造成变形。

（4）褶皱工具：用于以由四周向中心缩小的方式而变形的图像元素。

（5）膨胀工具：用于以由中心向四周放大的方式而变形的图像元素。

（6）左推工具：用于移动图像元素的局部制作变形。

（7）镜像工具：用于制作图像元素对称造型。

（8）湍流工具：用于制作类似气体或液体流动的变形效果。

（9）冻结蒙版工具：用于在图像中局部设置蒙版，从而保护图像不被变形。

（10）解冻蒙版工具：用于取消在图像中设置的蒙版。

（11）对话框右侧的工具选项：用于设置上述工具的画笔大小和压力深浅等。

（12）重建选项：用于将被变形的图像恢复到初
始状态。

（13）蒙版选项：用于在使用蒙版工具时，编辑修
改蒙版区域的形状和大小等。

（14）视图选项：用于在窗口中显示或隐藏图像、
蒙版和网格等信息。

使用"液化"滤镜后的效果如图 10-188 所示。

图 10-188　使用"液化"滤镜的前后效果

10.5　"消失点"滤镜

"消失点"滤镜是利用透视原理在平面的图像中制作出立体效果，多用于物体或建筑
的透视效果制作中。

该滤镜的对话框（如图 10-189 所示）部分选项设置如下。

图 10-189　"消失点"对话框

（1）编辑平面工具：用于选择、移动和调整平面的大小。

（2）创建平面工具：用于创建编辑平面。

（3）变换工具：用于缩放、旋转和翻转当前选区。

使用"消失点"滤镜后的效果如图 10-190 所示。

图 10-190　使用"消失点"滤镜的前后效果

10.6　温故知新

1. 填空

（1）"杂色"滤镜中包含_____、_____、_____、_____和_____。

（2）快捷键_____可以重复执行上次使用过的滤镜效果。

（3）设计作品中_____滤镜的使用可以保护作者的权益不受侵害。

2. 选择

（1）下列滤镜中，可以制作出类似于木炭或者墨水描绘图像效果的是_____。

    A. 水彩　　　　　B. 喷溅　　　　　C. 烟灰墨　　　　　D. 喷色描边

（2）下列选项中，_____滤镜不属于艺术效果滤镜组。

    A. 粗糙蜡笔　　　B. 镜头光晕　　　C. 底纹纹理　　　D. 塑料包装

（3）如果想要去除图像中没有规律的杂点或划痕，可以使用_____滤镜。

    A. 纤维　　　　　B. 特殊模糊　　　C. 蒙尘与划痕　　D. 分层云彩

3. 简答

（1）简要说明"渲染"滤镜中包括哪些滤镜效果，其主要用于哪些操作。

（2）Photoshop CS3 中新增加的滤镜有哪些，它们的优势是什么？

4. 操作

利用各种滤镜的结合，制作爆炸效果。要求整个效果的设计思路清晰，充分掌握各滤镜的作用及效果，学会分析某些画面效果的产生是借由哪些滤镜的组合完成。反复练习，熟练操作。

第 **11** 章
综 合 实 例

11.1 实例1 墙面相框

（1）启动 Photoshop CS3，选择"文件"→"新建"命令，弹出"新建"对话框，设置宽度为600 像素，高度为 400 像素，分辨率为 72 像素/英寸，颜色模式为 RGB，背景内容为白色，如图 11-1 所示。

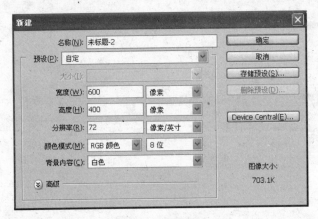

图 11-1　新建文件

（2）在工具箱中单击前景色，弹出"拾色器"对话框，选择红黑色，单击"确定"按钮，按Alt＋Delete 组合键填充至背景层。

（3）选择"滤镜"→"纹理"→"纹理化"命令，弹出"纹理化"滤镜对话框，按图 11-2 所示设置好各个参数，单击"确定"按钮，效果如图 11-3 所示。

（4）用矩形选框工具在图像中间创建一个选区，新建一个图层，填充白色，然后选择油漆桶工具，在属性栏中的样式中选择"图案"，选择木纹图案，在白色处单击，效果如图 11-4 所示。

（5）把木纹图层载入选区，选择"选择"→"变换选区"命令，把选区等比例缩小后，删除选区内的像素，效果如图 11-5 所示。

（6）置入一张风景图片，调整好它的位置和大小，效果如图 11-6 所示。

图 11-2 "纹理化"滤镜对话框

图 11-3 "纹理化"效果

图 11-4 填充木纹

图 11-5 删除像素

图 11-6 置入图像

（7）选择木纹边框图层，双击该层图标，弹出"图层样式"对话框，按图 11-7 所示进行设置，单击"确定"按钮，效果如图 11-8 所示。

（8）选择木纹边框图层，选择"滤镜"→"光照效果"命令，按图 11-9 所示设置好各参数，单击"确定"按钮。

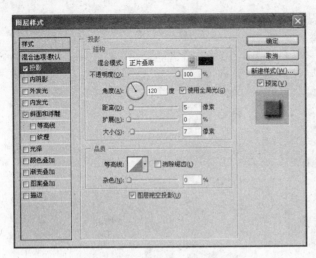

图 11-7　"图层样式"对话框

图 11-8　设置"图层样式"后的效果

（9）完成设计，效果如图 11-10 所示，保存文件，命名为"墙面相框.psd"。

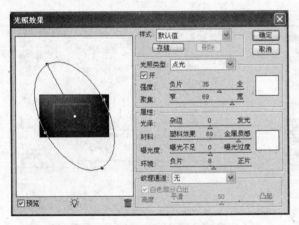

图 11-9　"光照效果"滤镜对话框

图 11-10　最终效果

11.2　实例 2　彩虹效果

（1）启动 Photoshop CS3，打开一张风景图片，如图 11-11 所示。

（2）新建一个普通图层，选择渐变工具，单击其属性栏上的渐变颜色，打开"渐变编辑器"对话框，如图 11-12 所示。

（3）按图 11-13 所示设置好各参数，单击"确定"按钮。

（4）在属性栏中单击"径向渐变"按钮，在屏幕上拖动，效果如图 11-14 所示。

图 11-11　风景素材

图 11-12 "渐变编辑器"对话框

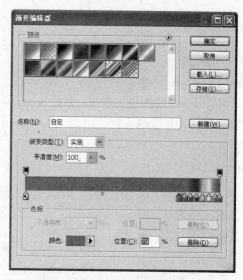

图 11-13 设置"渐变编辑器"参数

（5）选择魔棒工具，在属性栏中设置其容差为 32，在中间和周围的红色中单击，按 Ctrl＋Alt＋D 组合键打开"羽化"对话框，设置羽化值为 10，按 Delete 键，效果如图 11-15 所示。

图 11-14 渐变效果

图 11-15 魔棒选择工具的使用

（6）选择椭圆选框工具，选择彩虹的下半部分，设置羽化值为 100，按 Delete 键 5 次，效果如图 11-16 所示。

（7）按 Ctrl＋T 组合键，利用自由变换把彩虹的大小适当调整，并选择"滤镜"→"模糊"→"高斯模糊"命令，设置半径为 3.5 像素，单击"确定"按钮。完成设计，保存文件，命名为"彩虹.psd"，其最终效果如图 11-17 所示。

图 11-16 椭圆选择删除像素

图 11-17 最终效果

11.3　实例3　邮票的制作

(1) 启动 Photoshop CS3,选择"文件"→"新建"命令,弹出"新建"对话框,设置宽度为 1 000 像素,高度为 800 像素,分辨率为 72 像素/英寸,颜色模式为 RGB,背景内容为白色,如图 11-18 所示。

(2) 新建一个普通图层 1,选择矩形选框工具,在工作区中间创建一个矩形选区,填充红色,效果如图 11-19 所示。

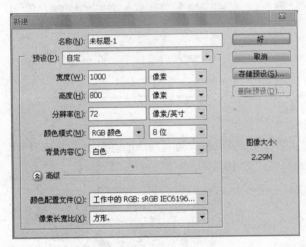

图 11-18　新建图层　　　　　　　　　图 11-19　创建矩形并填充

(3) 选择矩形工具,在其属性栏中单击"路径"按钮,沿着红色的区域创建一个矩形路径。

(4) 选择画笔工具,在其属性栏中设置其硬度为 100%,主直径为 19px,间隔为 116%。

(5) 新建一个普通图层 2,打开"路径"面板,单击其底部的"用画笔描边"按钮,效果如图 11-20 所示。

(6) 切换到"图层"面板,把图层 2 载入选区,设置图层 1 为当前图层,按 Delete 键,再把图层 2 隐藏。效果如图 11-21 所示。

图 11-20　画笔描边　　　　　　　　　图 11-21　删除像素

（7）置入一张风景图片，调整好大小与位置，效果如图 11-22 所示。

（8）设置图层 1 为当前图层并载入选区，填充白色，双击图层标志，弹出"图层样式"对话框，设置好阴影样式。效果如图 11-23 所示。

图 11-22　置入图像

图 11-23　设置图层样式

（9）新建一个普通图层 3，用矩形选框工具创建一个比图片稍大的选框，选择"编辑"→"描边"命令，设置宽度为 2 个像素，颜色为黑色。单击"确定"按钮，效果如图 11-24 所示。

（10）选择文字工具，输入图像上的文字，完成设计，命名为"邮票设计.psd"，完成效果如图 11-25 所示。

图 11-24　描边

图 11-25　邮票完成效果

11.4　实例 4　电影海报

（1）启动 Photoshop CS3，选择"文件"→"新建"命令，弹出"新建"对话框，设置宽度为 1 000 像素，高度为 800 像素，分辨率为 300 像素/英寸，颜色模式为 RGB，背景内容为白色。

（2）置入一张山脉图片，调整好位置与大小，然后选择"图像"→"调整"→"去色"命令，再选择"滤镜"→"素描"→"炭笔"命令，其效果如图 11-26 所示。

（3）置入一张战斗机图片，运用自由变换调整好图像的大小和位置，选择"去色"命令，效果如图 11-27 所示。

图 11-26　置入图像效果

（4）置入一张云系图片，放在背景层的上一层，同样选择"去色"命令，效果如图 11-28 所示。

图 11-27　置入战斗机图片

图 11-28　置入云系图片

（5）置入一张地球图片，调整好位置和大小，选择"去色"命令，效果如图 11-29 所示。

（6）置入一张人物图片，调整好位置和大小，选择"去色"命令，效果如图 11-30 所示。

图 11-29　置入地球图片

图 11-30　置入人物图片

图 11-31　创建椭圆选区

（7）选择椭圆选区工具，在图像中间创建一个选区，如图 11-31 所示。

（8）按 Ctrl＋Alt＋D 组合键，弹出"羽化"对话框，设置羽化值为 100，单击"确定"按钮，填充黑色。效果如图 11-32 所示。

（9）选择文字工具，输入影片名称，设置好文字的样式：阴影、光泽和颜色渐变参数，单击"确定"按钮，效果如图 11-33 所示。

（10）调整好色彩，裁去图像外的像素，完成设计，保存文件，命名为"电影海报.psd"。

图 11-32 填充黑色　　　　　　　　　图 11-33 电影海报完成效果

11.5 实例 5 新年贺卡

（1）启动 Photoshop CS3，选择"文件"→"新建"命令，弹出"新建"对话框，设置宽度为 10 英寸，高度为 8 英寸，分辨率为 300 像素/英寸，颜色模式为 CMYK，背景内容为白色。

（2）选择渐变工具，在属性栏中设置好过渡颜色，运用"线性渐变"模式在工作区拖动，得到效果如图 11-34 所示。

（3）置入一张带有"凤凰"的图像，如图 11-35 所示。

图 11-34 渐变工具　　　　　　　　　图 11-35 置入底纹图片

（4）选择自定义形状工具，在图像中创建一个形状，然后载入选区，填充黄色，通过复制图层，达到图 11-36 所示的效果。

（5）置入一张带有"福"字的图像，双击其图标，为该图层设置"外发光"样式，颜色为黄色，效果如图 11-37 所示。

（6）选择矩形选框工具，在图像下边创建一个矩形选框，填充黑色，效果如图 11-38 所示。

（7）输入"万事如意，新春快乐！"还有英文"Happy new year!"。设置文字样式为光泽/浮雕/阴影等样式。

（8）完成设计，保存图像，命名为"新年贺卡.psd"，效果如图 11-39 所示。

图 11-36　置入自定义形状

图 11-37　置入图片

图 11-38　创建选区

图 11-39　新春贺卡的最终效果

11.6　实例 6　幸福旅程

（1）启动 Photoshop CS3，打开一张制作婚纱背景的模板图片，如图 11-40 所示。

（2）置入一张事先准备好的翅膀图片，调整好位置和大小，效果如图 11-41 所示。

图 11-40　模板图片

图 11-41　置入素材

（3）选择自定义形状工具，在属性栏的"形状"下拉列表框中选择"星形"选项，在图像区域绘制一个星形，载入选区后填充白色，再复制若干个星形，再运用椭圆选框工具绘制椭圆，填充白色，设置透明参数。其效果如图 11-42 所示。

（4）选择文字工具，输入图 11-43 所示的文字。设置"阴影"文字样式，颜色为红色，不透明度为 100％，单击"确定"按钮。

图 11-42　闪光星星的绘制（一）

图 11-43　闪光星星的绘制（二）

（5）置入人物图像，调整好大小和位置，效果如图 11-44 所示。

（6）选择快速选择工具，在属性栏设置画笔半径为 9 像素，选取模式为添加到选区，在图像上沿着人物边缘拖动，选择好人物外的多余像素，效果如图 11-45 所示。

图 11-44　置入人物图像

图 11-45　创建选区

（7）设置选区的羽化值为 2，直接按 Delete 键，删除选区内的像素。效果如图 11-46 所示。

（8）设置人物图层的图层样式为"外发光"，发光颜色为白色，不透明度为 100％，大小为 90 像素。单击"确定"按钮，效果如图 11-47 所示。

图 11-46　删除像素

图 11-47　最终效果

（9）完成设计，保存文件，命名为"幸福旅程.psd"。

11.7　实例7　青春记忆

（1）启动 Photoshop CS3，打开一张人物素材图片，如图 11-48 所示，并将其复制，得到背景副本，如图 11-49 所示。

（2）在背景副本图层，用魔棒工具单击背景，在属性栏中单击"添加到选区"按钮。用魔棒工具选中人物背景，效果如图 11-50 所示。

图 11-48　素材图片　　　　　图 11-49　复制背景　　　　　图 11-50　使用魔棒工具选择画面

（3）选择"羽化"命令，或在右击弹出的快捷菜单中选择"羽化"命令，在弹出的对话框中设置半径为 3 像素，得到选区如图 11-51 所示。

（4）在选区范围内右击，在弹出的快捷菜单中选择"反向选择"命令或按 Ctrl＋Shift＋I 组合键，将选区反选，并选择"编辑"→"剪切"命令或按 Ctrl＋X 组合键将选区内画面剪切。

（5）打开一张背景图片，并将剪切的图像粘贴到里面，得到如图 11-52 所示效果。

图 11-51　"羽化选区"对话框　　　　　图 11-52　粘贴画面

（6）重新回到人物素材图片，选择"滤镜"→"抽出"命令，在弹出的"抽出"滤镜对话框中选中"强制前景"复选框，然后使用吸管工具吸取头发上的颜色，再用边缘高光器工具在人物头部处理，如图 11-53 所示；抽出效果如图 11-54 所示。

图 11-53 "抽出"滤镜对话框　　　　　　　图 11-54 抽出画面效果

（7）把抽出来的头发复制到带背景的人物图片中，与人像对齐，并在"图层"面板中将生成的头发图层放置在人像图层下面，如图 11-55 所示。

（8）单击人物图层（图层 1），选择橡皮工具，在图层 1 上右击，在弹出的窗口中，设置适当的硬度，并用橡皮工具把图层中多余的背景擦掉。效果如图 11-56 所示。

图 11-55 "图层"面板　　　　　　　图 11-56 擦除多余背景

（9）选择人物图层（图层 1），执行"向下合并"操作，使其和头发图层合并为图层 2，如图 11-57 所示。

（10）选择合并后的图层 2，选择"图像"→"调整"→"变化"命令，选择中间调，并在颜色选项中选择加深蓝色。设置如图 11-58 所示。

（11）复制图层 2，得到图层 2 副本。并在"图层"面板中将图层 2 的图层混合模式设置为"滤色"。

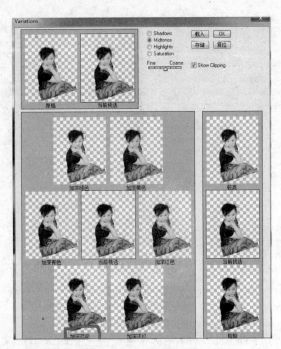

图 11-57　合并图层　　　　　　　　　图 11-58　"变化"对话框

　　（12）选择图层 2 副本，并将其图层不透明度设置为 70%。图层混合模式及图层不透明度设置如图 11-59 所示。

　　（13）选择背景图层并复制，将复制得到的背景副本放置在图层 2 副本的上面，其图层顺序如图 11-60 所示。

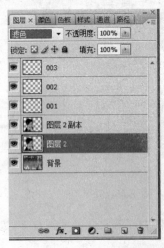

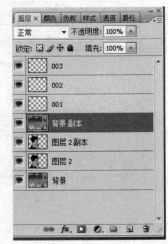

图 11-59　"图层"面板　　　　　　　　　图 11-60　各图层顺序

　　（14）选择背景副本图层，用橡皮工具擦掉多余的背景画面，效果如图 11-61 所示。

　　（15）打开两张素材图片，将图片复制到人物文件里，并调整图片大小，如图 11-62 所示。

图 11-61 背景效果

图 11-62 调整图片大小并放置到合适位置

（16）选择其中一张人物素材图层，单击"图层"面板下方的"添加图层样式"按钮，在弹出的"图层样式"对话框中，如图 11-63 所示设置各参数。

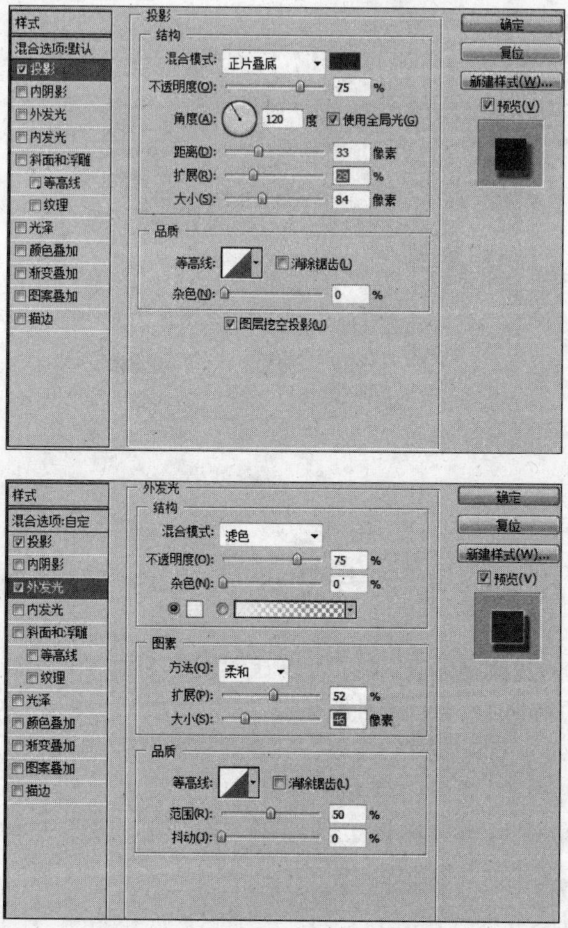

图 11-63 "图层样式"对话框

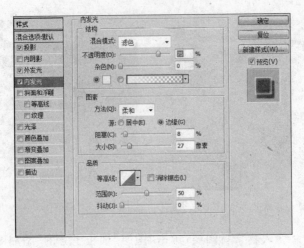

图 11-63（续）

（17）按相同参数设置另一张人物素材，适当调整图片摆放角度，得到的最终效果如图 11-64 所示。保存文件，并命名为"青春记忆.psd"。

图 11-64　最终效果

11.8　实例 8　企业标志设计

企业标志是企业的法定名片，它除了可以让人记住企业的名称外，更代表着企业的形象。现在，越来越多的企业都有自己的独特标志。可以运用 Photoshop 这个平台来设计标志。

（1）启动 Photoshop CS3，选择"文件"→"新建"命令，弹出"新建"对话框，设置宽度为 600 像素，高度为 450 像素，背景内容为透明。

（2）新建图层 1，使用矩形选框工具绘制一个矩形选区，并设置前景色为 R：60，G：76，B：148，填充选区。

（3）使用矩形选框工具绘制一个小矩形，如图 11-65 所示。

（4）选择"选择"→"变换选区"命令，适当旋转选区角度，按 Delete 键删除，删除后的效果如图 11-66 所示。

（5）再次使用矩形选框工具绘制一个水平矩形并放置在倾斜矩形的上端，使之构成类似于"7"的造型。按 Delete 键删除。

（6）复制图层 1 得到图层 1 副本。

（7）在"图层"面板中双击图层 1，弹出"图层样式"对话框，单击"投影"样式的文字部分，设置颜色为 R：30，G：90，B：80，其他数值如图 11-67 所示。

图 11-65　选区造型

图 11-66　删除后的造型

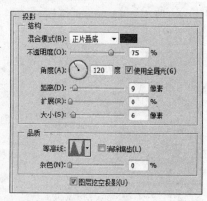
图 11-67　"投影"图层样式设置

（8）依次设置"斜面和浮雕"、"光泽"、"描边"图层样式，设置数值如图 11-68 所示。

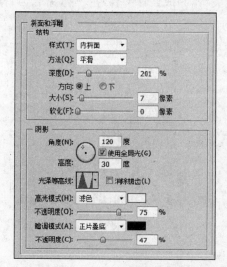

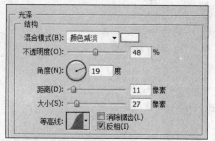

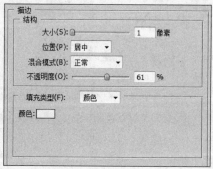

图 11-68　各图层样式设置

（9）在"图层样式"对话框中单击"渐变叠加"样式的文字部分，设置渐变颜色中蓝色为 R：60，G：76，B：148，黄色为 R：255，G：252，B：0。然后再对其他参数进行设置，如图 11-69 所示。得到如图 11-70 所示的整体效果。

（10）使用横排文字工具，在画面上单击并输入"通达通讯"，修改文字各属性，如图 11-71 所示。

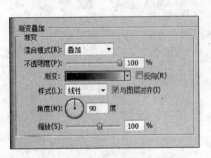

图 11-69　"渐变叠加"样式设置　　　　图 11-70　整体图标效果　　　图 11-71　中文字体设置

（11）输入英文"TongDa Communication"并修改文字属性，如图 11-72 所示。

（12）调整中英文字体与图标之间的位置关系，完成设计并保存文件，命名为"标志设计.psd"，最终效果如图 11-73 所示。

图 11-72　英文字体设置　　　　　　　图 11-73　标志设计最终效果

11.9　实例 9　报纸广告

报纸广告是平面设计师的必修课，它的主要设计要素是：主题鲜明、一目了然。下面设计一幅家居广场的报纸广告。

（1）启动 Photoshop CS3，选择"文件"→"新建"命令，弹出"新建"对话框，设置宽度为 21 厘米，高度为 10 厘米，颜色模式为 CMYK，背景内容为白色。

（2）置入一张红玫瑰图片作为底纹，效果如图 11-74 所示。

（3）置入皇家国际家居广场的标志，放置于左上角，设置图层样式投影与外发光。效果如图 11-75 所示。

图 11-74　红玫瑰底纹

图 11-75　置入标志

（4）输入主体文字"第二届婚庆节"，字体为超粗黑，颜色为黄色，图层样式设置阴影，输入文字"浓情启幕"，字体是大标宋，颜色为黑色，图层样式设置描边。效果如图 11-76 所示。

（5）输入说明文字。

"The second married celebration"，字体为 Arial，颜色为白色；

"携手美佳摄影城祝各位新人"，字体为大标宋，颜色为黄色；

"生活美满，合家幸福"，字体为方正粗倩简体，设置文字效果为旗帜效果。

（6）完成设计，保存文件，命名为"报纸广告.psd"，最终效果如图 11-77 所示。

图 11-76　输入主体文字

图 11-77　完成效果

11.10　实例 10　户外广告

户外广告是平面设计师的设计重点，设计的要素是：创意十足、简单明了。下面来设计一幅房地产户外广告的平面图。

（1）启动 Photoshop CS3，选择"文件"→"新建"命令，弹出"新建"对话框，设置宽度为 24 厘米，高度为 8 厘米，颜色模式为 CMYK，背景内容为白色。

（2）填充背景色为墨绿色，色彩值为 R：5，G：49，B：16，选择矩形选框工具，在图像工作区绘制一个矩形，如图 11-78 所示。

图 11-78　绘制矩形选区

（3）按 Ctrl＋Shift＋I组合键，反向选择选区，如图 11-79 所示。再按 Ctrl＋Alt＋D组合键，设置选区的羽化值为 60px。

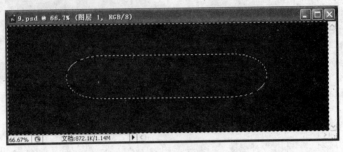

图 11-79　反向选择

（4）将选区内填充黑色，效果如图 11-80 所示。

图 11-80　填充颜色

（5）选择单行选区工具，在图像区域单击，产生单行选区，新建图层 1，填充白色，如图 11-81 所示。

图 11-81　创建单行选区

（6）将图层 1 复制多层，将它们链接起来，选择移动工具，单击其属性栏中的"垂直居中分布"按钮。其效果如图 11-82 所示。

图 11-82　复制并分布选区

（7）按 Ctrl＋E 组合键，将所有复制图层 1 的副本合并，再按主键盘上的 1 键，将其透明度设置为 10％，效果如图 11-83 所示。

图 11-83 设置图层透明度

（8）置入雅居豪苑的标志，并设置其图层样式：投影：不透明度为 88％，颜色为黑色；距离为 5pix；大小为 5pix，如图 11-84 所示。

图 11-84 置入标志

（9）输入文字"凤凰山·GOLF 国际公馆"，设置其字体为大标宋。图层样式设置为渐变叠加（白色过渡至绿色）、投影效果。效果如图 11-85 所示。

图 11-85 输入广告语

（10）置入素材图片高尔夫球杆，以完成效果设计，保存文件，命名为"户外广告.psd"，其完成效果如图 11-86 所示。

图 11-86 户外广告最终效果

附录 A

Photoshop 的快捷键

A.1　工具箱

多种工具共用一个快捷键的可同时按【Shift】加此快捷键选取。

矩形、椭圆选框工具　【M】

裁剪工具　【C】

移动工具　【V】

套索、多边形套索、磁性套索　【L】

魔棒工具　【W】

喷枪工具　【J】

画笔工具　【B】

仿制图章、图案图章　【S】

历史记录画笔工具　【Y】

像皮擦工具　【E】

铅笔、直线工具　【N】

模糊、锐化、涂抹工具　【R】

减淡、加深、海绵工具　【O】

钢笔、自由钢笔、磁性钢笔　【P】

添加锚点工具　【+】

删除锚点工具　【-】

直接选取工具　【A】

文字、文字蒙版、直排文字、直排文字蒙版　【T】

度量工具　【U】

直线渐变、径向渐变、对称渐变、角度渐变、菱形渐变　【G】

油漆桶工具　【K】

吸管、颜色取样器　【I】

抓手工具　【H】

缩放工具　【Z】

默认前景色和背景色　【D】

切换前景色和背景色　【X】

切换标准模式和快速蒙版模式　【Q】

标准屏幕模式、带有菜单栏的全屏模式、全屏模式　【F】

临时使用移动工具　【Ctrl】

临时使用吸管工具　【Alt】

临时使用抓手工具　【空格】

打开工具选项面板　【Enter】

快速输入工具选项（当前工具选项面板中至少有一个可调节数字）　【0】至【9】

循环选择画笔　【[】或【]】

选择第一个画笔　【Shift】+【[】

选择最后一个画笔　【Shift】+【]】

建立新渐变（在"渐变编辑器"中）　【Ctrl】+【N】

A.2　文件操作

新建图形文件　【Ctrl】+【N】

用默认设置创建新文件　【Ctrl】+【Alt】+【N】

打开已有的图像　【Ctrl】+【O】

打开为…　【Ctrl】+【Alt】+【O】

关闭当前图像　【Ctrl】+【W】

保存当前图像　【Ctrl】+【S】

另存为…　【Ctrl】+【Shift】+【S】

存储副本　【Ctrl】+【Alt】+【S】

页面设置　【Ctrl】+【Shift】+【P】

打印　【Ctrl】+【P】

打开"预置"对话框　【Ctrl】+【K】

显示最后一次显示的"预置"对话框　【Alt】+【Ctrl】+【K】

设置"常规"选项（在预置对话框中）　【Ctrl】+【1】

设置"存储文件"（在预置对话框中）　【Ctrl】+【2】

设置"显示和光标"（在预置对话框中）　【Ctrl】+【3】

设置"透明区域与色域"（在预置对话框中）　【Ctrl】+【4】

设置"单位与标尺"（在预置对话框中）　【Ctrl】+【5】

设置"参考线与网格"（在预置对话框中）　【Ctrl】+【6】

设置"增效工具与暂存盘"（在预置对话框中）　【Ctrl】+【7】

设置"内存与图像高速缓存"（在预置对话框中）　【Ctrl】+【8】

A.3　编辑操作

还原/重做前一步操作　【Ctrl】+【Z】

还原两步以上操作　【Ctrl】+【Alt】+【Z】

重做两步以上操作　【Ctrl】+【Shift】+【Z】

剪切选取的图像或路径　【Ctrl】+【X】或【F2】

复制选取的图像或路径　【Ctrl】+【C】

合并复制　【Ctrl】+【Shift】+【C】

将剪贴板的内容粘到当前图形中　【Ctrl】+【V】或【F4】

将剪贴板的内容粘到选框中　【Ctrl】+【Shift】+【V】

自由变换　【Ctrl】+【T】

应用自由变换(在自由变换模式下)　【Enter】

从中心或对称点开始变换(在自由变换模式下)　【Alt】

限制(在自由变换模式下)　【Shift】

扭曲(在自由变换模式下)　【Ctrl】

取消变形(在自由变换模式下)　【Esc】

自由变换复制的像素数据　【Ctrl】+【Shift】+【T】

再次变换复制的像素数据并建立一个副本　【Ctrl】+【Shift】+【Alt】+【T】

删除选框中的图案或选取的路径　【DEL】

用背景色填充所选区域或整个图层　【Ctrl】+【BackSpace】或【Ctrl】+【Del】

用前景色填充所选区域或整个图层　【Alt】+【BackSpace】或【Alt】+【Del】

弹出"填充"对话框　【Shift】+【BackSpace】

从历史记录中填充　【Alt】+【Ctrl】+【BackSpace】

A.4　图像调整

调整色阶　【Ctrl】+【L】

自动调整色阶　【Ctrl】+【Shift】+【L】

打开曲线调整对话框　【Ctrl】+【M】

在所选通道的曲线上添加新的点("曲线"对话框中)在图像中　【Ctrl】加点按

在复合曲线以外的所有曲线上添加新的点("曲线"对话框中)　【Ctrl】+【Shift】加点按

移动所选点("曲线"对话框中)　【↑】/【↓】/【←】/【→】

以10点为增幅移动所选点以10点为增幅("曲线"对话框中)　【Shift】+【箭头】

选择多个控制点("曲线"对话框中)　【Shift】加点按

前移控制点("曲线"对话框中)　【Ctrl】+【Tab】

后移控制点("曲线"对话框中)　【Ctrl】+【Shift】+【Tab】

添加新的点("曲线"对话框中)　点按网格

删除点("曲线"对话框中)　【Ctrl】加点按点

取消选择所选通道上的所有点("曲线"对话框中)　【Ctrl】+【D】

使曲线网格更精细或更粗糙("曲线"对话框中)　【Alt】加点按网格

选择彩色通道("曲线"对话框中)　【Ctrl】+【~】

选择单色通道("曲线"对话框中)　【Ctrl】+【数字】

打开"色彩平衡"对话框　【Ctrl】+【B】

打开"色相/饱和度"对话框　【Ctrl】+【U】

全图调整(在"色相/饱和度"对话框中)　【Ctrl】+【~】

只调整红色(在"色相/饱和度"对话框中)　【Ctrl】+【1】

只调整黄色(在"色相/饱和度"对话框中)　【Ctrl】+【2】

只调整绿色(在"色相/饱和度"对话框中)　【Ctrl】+【3】

只调整青色(在"色相/饱和度"对话框中)　【Ctrl】+【4】

只调整蓝色(在"色相/饱和度"对话框中)　【Ctrl】+【5】

只调整洋红(在"色相/饱和度"对话框中)　【Ctrl】+【6】

去色　【Ctrl】+【Shift】+【U】

反相　【Ctrl】+【I】

A.5　图层操作

从对话框新建一个图层　【Ctrl】+【Shift】+【N】

以默认选项建立一个新的图层　【Ctrl】+【Alt】+【Shift】+【N】

通过复制建立一个图层　【Ctrl】+【J】

通过剪切建立一个图层　【Ctrl】+【Shift】+【J】

与前一图层编组　【Ctrl】+【G】

取消编组　【Ctrl】+【Shift】+【G】

向下合并或合并联接图层　【Ctrl】+【E】

合并可见图层　【Ctrl】+【Shift】+【E】

盖印或盖印联接图层　【Ctrl】+【Alt】+【E】

盖印可见图层　【Ctrl】+【Alt】+【Shift】+【E】

将当前层下移一层　【Ctrl】+【[】

将当前层上移一层　【Ctrl】+【]】

将当前层移到最下面　【Ctrl】+【Shift】+【[】

将当前层移到最上面　【Ctrl】+【Shift】+【]】

激活下一个图层　【Alt】+【[】

激活上一个图层　【Alt】+【]】

激活底部图层　【Shift】+【Alt】+【[】

激活顶部图层　【Shift】+【Alt】+【]】

调整当前图层的透明度(当前工具为无数字参数的,如移动工具)　【0】至【9】

保留当前图层的透明区域(开关)　【/】

投影效果（在"效果"对话框中）【Ctrl】+【1】

内阴影效果（在"效果"对话框中）【Ctrl】+【2】

外发光效果（在"效果"对话框中）【Ctrl】+【3】

内发光效果（在"效果"对话框中）【Ctrl】+【4】

斜面和浮雕效果（在"效果"对话框中）【Ctrl】+【5】

应用当前所选效果并使参数可调（在"效果"对话框中）【A】

A.6　图层混合模式

循环选择混合模式　【Alt】+【一】或【+】

正常　【Ctrl】+【Alt】+【N】

阈值（位图模式）　【Ctrl】+【Alt】+【L】

溶解　【Ctrl】+【Alt】+【I】

背后　【Ctrl】+【Alt】+【Q】

清除　【Ctrl】+【Alt】+【R】

正片叠底　【Ctrl】+【Alt】+【M】

屏幕　【Ctrl】+【Alt】+【S】

叠加　【Ctrl】+【Alt】+【O】

柔光　【Ctrl】+【Alt】+【F】

强光　【Ctrl】+【Alt】+【H】

颜色减淡　【Ctrl】+【Alt】+【D】

颜色加深　【Ctrl】+【Alt】+【B】

变暗　【Ctrl】+【Alt】+【K】

变亮　【Ctrl】+【Alt】+【G】

差值　【Ctrl】+【Alt】+【E】

排除　【Ctrl】+【Alt】+【X】

色相　【Ctrl】+【Alt】+【U】

饱和度　【Ctrl】+【Alt】+【T】

颜色　【Ctrl】+【Alt】+【C】

光度　【Ctrl】+【Alt】+【Y】

去色　海绵工具+【Ctrl】+【Alt】+【J】

加色　海绵工具+【Ctrl】+【Alt】+【A】

暗调　减淡/加深工具+【Ctrl】+【Alt】+【W】

中间调　减淡/加深工具+【Ctrl】+【Alt】+【V】

高光　减淡/加深工具+【Ctrl】+【Alt】+【Z】

A.7　选择功能

全部选取　【Ctrl】+【A】

取消选择　【Ctrl】+【D】

重新选择 【Ctrl】+【Shift】+【D】

羽化选择 【Ctrl】+【Alt】+【D】

反向选择 【Ctrl】+【Shift】+【I】

路径变选区   数字键盘的【Enter】

载入选区 【Ctrl】+点按图层、路径、通道面板中的缩览图

A.8　滤镜

按上次的参数再做一次上次的滤镜 【Ctrl】+【F】

退去上次所做滤镜的效果 【Ctrl】+【Shift】+【F】

重复上次所做的滤镜（可调参数） 【Ctrl】+【Alt】+【F】

选择工具（在"3D 变化"滤镜中） 【V】

立方体工具（在"3D 变化"滤镜中） 【M】

球体工具（在"3D 变化"滤镜中） 【N】

柱体工具（在"3D 变化"滤镜中） 【C】

轨迹球（在"3D 变化"滤镜中） 【R】

全景相机工具（在"3D 变化"滤镜中） 【E】

A.9　视图操作

显示彩色通道 【Ctrl】+【～】

显示单色通道 【Ctrl】+【数字】

显示复合通道 【～】

以 CMYK 方式预览（开关） 【Ctrl】+【Y】

打开/关闭色域警告 【Ctrl】+【Shift】+【Y】

放大视图 【Ctrl】+【+】

缩小视图 【Ctrl】+【-】

满画布显示 【Ctrl】+【0】

实际像素显示 【Ctrl】+【Alt】+【0】

向上卷动一屏 【PageUp】

向下卷动一屏 【PageDown】

向左卷动一屏 【Ctrl】+【PageUp】

向右卷动一屏 【Ctrl】+【PageDown】

向上卷动 10 个单位 【Shift】+【PageUp】

向下卷动 10 个单位 【Shift】+【PageDown】

向左卷动 10 个单位 【Shift】+【Ctrl】+【PageUp】

向右卷动 10 个单位 【Shift】+【Ctrl】+【PageDown】

将视图移到左上角 【Home】

将视图移到右下角 【End】

显示/隐藏选择区域 【Ctrl】+【H】

显示/隐藏路径 【Ctrl】+【Shift】+【H】

显示/隐藏标尺 【Ctrl】+【R】

显示/隐藏参考线 【Ctrl】+【;】

显示/隐藏网格 【Ctrl】+【"】

贴紧参考线 【Ctrl】+【Shift】+【;】

锁定参考线 【Ctrl】+【Alt】+【;】

贴紧网格 【Ctrl】+【Shift】+【"】

显示/隐藏"画笔"面板 【F5】

显示/隐藏"颜色"面板 【F6】

显示/隐藏"图层"面板 【F7】

显示/隐藏"信息"面板 【F8】

显示/隐藏"动作"面板 【F9】

显示/隐藏所有命令面板 【Tab】

显示或隐藏工具箱以外的所有面板 【Shift】+【Tab】

文字处理(在"文字工具"对话框中)

左对齐或顶对齐 【Ctrl】+【Shift】+【L】

中对齐 【Ctrl】+【Shift】+【C】

右对齐或底对齐 【Ctrl】+【Shift】+【R】

左/右选择1个字符 【Shift】+【←】/【→】

下/上选择1行 【Shift】+【↑】/【↓】

选择所有字符 【Ctrl】+【A】

选择从插入点到鼠标点按点的字符 【Shift】加点按

左/右移动1个字符 【←】/【→】

下/上移动1行 【↑】/【↓】

左/右移动1个字 【Ctrl】+【←】/【→】

将所选文本的文字大小减小2点像素 【Ctrl】+【Shift】+【<】

将所选文本的文字大小增大2点像素 【Ctrl】+【Shift】+【>】

将所选文本的文字大小减小10点像素 【Ctrl】+【Alt】+【Shift】+【<】

将所选文本的文字大小增大10点像素 【Ctrl】+【Alt】+【Shift】+【>】

将行距减小2点像素 【Alt】+【↓】

将行距增大2点像素 【Alt】+【↑】

将基线位移减小2点像素 【Shift】+【Alt】+【↓】

将基线位移增加2点像素 【Shift】+【Alt】+【↑】

将字距微调或字距调整减小20/1000ems 【Alt】+【←】

将字距微调或字距调整增加20/1000ems 【Alt】+【→】

将字距微调或字距调整减小100/1000ems 【Ctrl】+【Alt】+【←】

将字距微调或字距调整增加100/1000ems 【Ctrl】+【Alt】+【→】